Yusuf Arayici
Timothy Onyenobi

Simplesmente BIM para a gestão de instalações

Yusuf Arayici
Timothy Onyenobi

Simplesmente BIM para a gestão de instalações

Como utilizar o Modelo de Informação da Construção para tarefas típicas de gestão de instalações de uma forma prática

ScienciaScripts

Índice:

Capítulo 1   3

Capítulo 2   8

Capítulo 3   10

Capítulo 4   17

Capítulo 5   19

Capítulo 6   37

Capítulo 7   46

SIMPLY BIM (Building Information Modelling)

para a gestão de instalações

Timothy Onyenobi PhD, ARB, RIBA, MNIA, FInstCPD, FRSA
Yusuf Arayici (Professor) Doutoramento, MCIOB, FHEA

Capítulo 1

A Modelação da Informação da Construção (BIM) tornou-se, ao longo dos anos, um termo bem conhecido utilizado pelos criadores de software A Modelação da Informação da Construção (BIM) tornou-se, ao longo dos anos, um termo bem conhecido utilizado pelos criadores de software em todo o mundo e está associado ao sector da construção/arquitetura/engenharia e aos seus domínios conexos, para retratar o potencial do seu software na integração do ciclo de vida da construção. Por conseguinte, tem sido objeto de definições variadas por parte de numerosos académicos, principalmente com base no contexto em que está a ser utilizado. Um bom exemplo é a descrição do BIM como o processo de gerar, armazenar, gerir, trocar e partilhar informações sobre a construção de uma forma interoperável e reutilizável (Eadie et al, 2013). Bazjanac (2008) define fundamentalmente o BIM como uma instância de um modelo de dados preenchido de edifícios que contém dados multidisciplinares específicos de um determinado edifício que descrevem sem ambiguidade.

O BIM, enquanto conceito de avaliação do ciclo de vida, procura integrar processos ao longo de todo o ciclo de vida de um edifício (Arayaci et al, 2012). Uma definição sucinta da Norma Nacional de Modelação da Informação da Construção (NBIMS) dos EUA é "uma representação digital das caraterísticas físicas e funcionais de uma instalação" (National Institute of Building Sciences (NIBS), 2007). Com base nos três elementos importantes do ciclo de vida da construção identificados pelo NBIMS (2007), que são a hélice do processo, o núcleo de conhecimento e os fornecedores externos de produtos e serviços, Isikdag et al, (2007) definiram o BIM como uma nova forma de criar, partilhar, trocar e gerir a informação ao longo de todo o ciclo de vida da construção. Nos últimos tempos, diz-se que o BIM proporciona um repositório comum de informações a partir do qual todas as funções de produção e gestão de instalações podem recorrer e reduzirá significativamente o esforço sem valor acrescentado ou o desperdício resultante da recolha de dados duplicados (Smith Dana K., 2014). Uma definição atual indica que o BIM se baseia na tecnologia digital 3D, é um modelo integrado de dados e informações de engenharia e é uma expressão digital das propriedades físicas e funcionais das instalações de engenharia (Zhang & Feng 2014).

Toda a ideologia do BIM foi concebida na década de 1970. O BIM surgiu da necessidade de transformar a forma como o ambiente construído funciona, desenvolvendo uma solução informática integrada que se centra no armazenamento e na partilha de informações técnicas para a gestão de edifícios e instalações. A tentativa de desenvolver um sistema de informação abrangente que capte ou extraia informações sobre os componentes de manutenção do edifício e todos os componentes relacionados com o edifício levou à utilização de várias ideologias, como a "fixação de software" (Yau et al., 1991) e soluções integradas de bases de dados (Aouad et al., 1994; Underwood &

Alshawi, 2000). No entanto, os numerosos problemas relacionados com o fluxo de informação entre diferentes funções, a incapacidade de expandir e manter estes sistemas com outros pacotes de software e a pouca ênfase na captação de conhecimentos acabaram por conduzir ao desenvolvimento do BIM.

O conceito e a tecnologia BIM são utilizados em vários sectores, incluindo a arquitetura, a engenharia, a construção e as operações de FM/edifício, bem como noutros domínios relacionados com a construção. Por exemplo, no FM, a funcionalidade da tecnologia BIM gere evidentemente todas as informações utilizadas no ciclo de vida do edifício, permitindo que a instalação seja vista como um componente único com subcomponentes que possuem bases de dados geométricas, descritivas, cronológicas, qualitativas e quantitativas que podem ser recuperadas e mantidas actualizadas durante o ciclo de vida do edifício.

Embora o BIM possa ser considerado um termo ambíguo (Aranda-Mena et al 2008), a sua aplicação como método de conceção integrado trouxe avanços significativos para a conceção e execução de novos projectos de construção (Attar et al 2010). Ao adotar o BIM, os arquitectos, engenheiros, operadores de empreiteiros e proprietários podem facilmente criar informação e documentação de conceção digital coordenada (Boutwell 2008); e utilizar essa informação para visualizar, simular e analisar com maior precisão o desempenho e a aparência (Lenard 2010).

A adoção da técnica BIM também permitirá a interoperabilidade entre os profissionais da indústria, uma vez que o Industry Foundation Classes (IFC) cria a plataforma desejada para que os gestores de instalações partilhem conjuntos de dados digitais (Gillard et al 2008). A interoperabilidade é a capacidade de trabalhar em conjunto e de trocar mensagens de forma fiável com poucos ou nenhuns erros ou mal-entendidos (Loosely Coupled 2010).

A importância de uma ferramenta BIM com uma plataforma e um conjunto de dados interoperáveis reflecte-se no estudo do National Institute of Standards and Technology (NIST), que quantificou cerca de 15,8 mil milhões de dólares em custos anuais decorrentes de uma interoperabilidade inadequada no sector das instalações de capital dos EUA em 2004 (NIST 2004).

A fim de compreender a aplicação do BIM para fins reais de FM, foi efectuado um estudo no edifício MediaCityUK, situado em Salford, no Reino Unido. O MediaCityUK é um empreendimento de 500 milhões de libras, construído especificamente para os meios de comunicação social e criativos. A fase 1 do MediaCityUK abrange mais de 36 acres, com potencial para desenvolver até 200 acres no futuro.

Para obter o máximo de benefícios do edifício MediaCityUK durante o seu ciclo de vida, é necessário otimizar o edifício do ponto de vista de FM. A investigação da indústria sugere que 85% do custo do ciclo de vida de uma instalação ocorre após a conclusão da construção e o estudo de interoperabilidade do NIST indicou que dois terços dos 15,8 mil milhões de dólares perdidos devido a uma interoperabilidade inadequada ocorrem durante as fases de operação e manutenção (Jordani

2010, Rundell 2006). As necessidades de manutenção do edifício (questões difíceis), como a limpeza de janelas, portas, etc., exigirão uma abordagem gerida devido à dimensão das instalações. É também importante identificar as funções concebidas e as funções reais dos ocupantes (questões transversais) e afetar os espaços durante o ciclo de vida do edifício para garantir a eficiência operacional. A reafectação do espaço é uma consideração que não deve ser descurada, uma vez que os requisitos funcionais do proprietário/utilizador podem mudar com o tempo, o que também sublinha a gestão do ciclo de vida do edifício.

É certo que o BIM está a mudar a forma como os edifícios são projectados e construídos (Rundell, 2006), mas será que está a mudar a forma como são operados e mantidos? O estudo do MediaCityUK, um edifício médio de 14 andares, teve como objetivo explorar os benefícios da aplicação do BIM para fins de gestão financeira. Neste estudo, está a ser feita uma tentativa de identificar os benefícios do BIM no FM do edifício MediaCityUK. Foram identificadas as principais tarefas de FM e exploradas as melhores práticas de FM utilizando BIM e orientações relacionadas com BIM para FM. A estrutura básica deste livro é apresentada na Figura 1 abaixo:

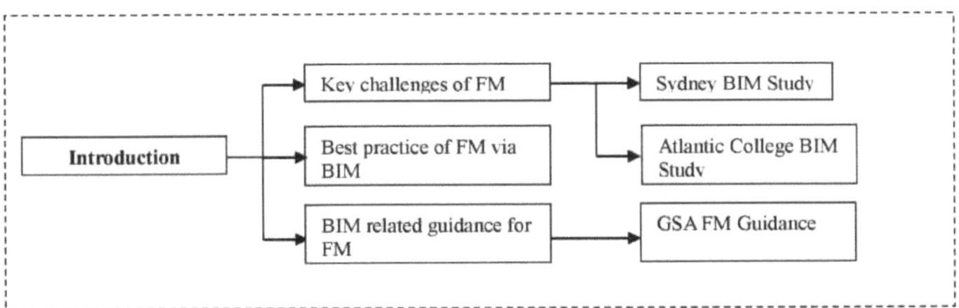

Figura 1: Estrutura da literatura

A estrutura básica do estudo de caso MediaCityUK, que inclui entrevistas com peritos, também é apresentada na Figura 2:

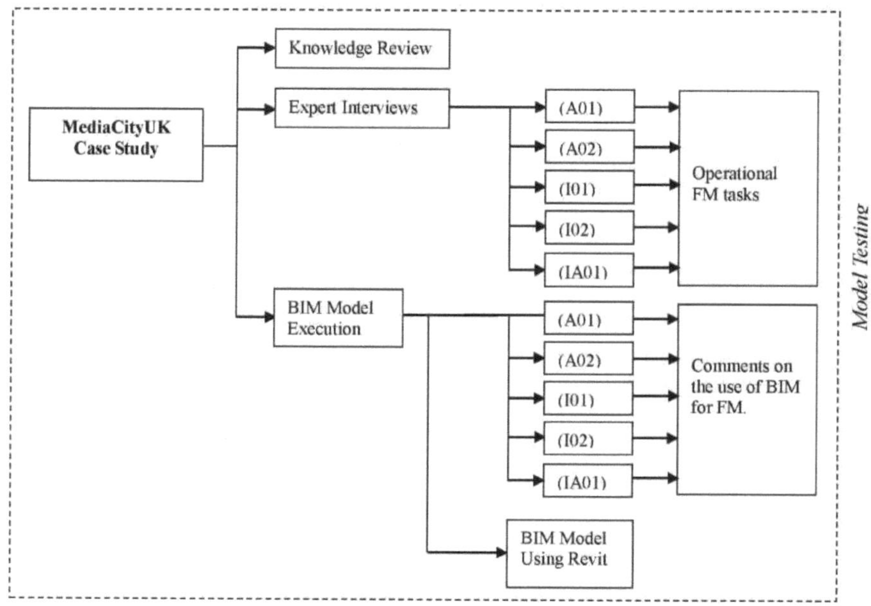

Figura 2: Estrutura do estudo de caso do MediaCityUK

É gerado um modelo BIM do MediaCity com as informações fornecidas.

A ênfase do modelo BIM gerado é colocada em elementos como: a topologia do espaço e a afetação designada , a disposição do mobiliário concebido, as aberturas de portas e janelas, as vias de acesso dentro do edifício, o carácter do projeto e a localização das instalações de transporte vertical dentro do edifício, como elevadores e escadas (Attar et al 2010). O estudo conseguiu identificar a contribuição do BIM para a gestão das instalações (*manutenção do edifício, gestão da utilização do edifício*) (Autodesk 2007) do edifício MediaCity.

As limitações do estudo foram encontradas principalmente durante a fase de produção do modelo BIM e envolveram a falta de acesso a informações de entrada precisas e adequadas, o que é altamente provável quando se tenta reproduzir um edifício existente num ambiente BIM. No entanto, foram feitos esforços para gerar um modelo BIM de erro mínimo e elevada precisão. Para tal, as informações/dados de entrada disponíveis foram optimizados, conduzindo à execução de um cenário "e se" que se espera ser muito semelhante ao edifício MediaCity UK real. No entanto, a informação crítica necessária para atingir os objectivos do estudo FM, que não pode ser adquirida através da observação física da instalação, estava em grande parte presente nos desenhos fornecidos. Essas informações envolvem dimensões e posições aproximadas de portas e paredes cortina, topologia e função de objectos espaciais. Foram fornecidas plantas completas de cada piso (do rés do chão ao terceiro piso). É também importante salientar que, sem os desenhos de corte, era bastante difícil e demorado, mas não impossível, articular a fusão de dois pisos que envolvia vazios nos níveis do rés do chão e do primeiro andar.

É importante salientar que o modelo BIM gerado é considerado suficiente para este estudo, uma vez que se considera que as pequenas aproximações descritas acima não têm um efeito significativo na validade dos resultados do estudo.

Capítulo 2

TAREFAS E DESAFIOS DO FM

De acordo com (RICS FM Assessment of Professional Competence p.5), a gestão de instalações é a gestão total de todos os serviços que apoiam a atividade principal de uma organização, o que inclui o seu edifício. No entanto, os edifícios actuais (como o MediaCityUK) são cada vez mais sofisticados e a necessidade de informação para os operar e manter é vital (Jordani, 2010). A gestão da instalação pelos gestores da instalação torna-se necessária na fase de entrada em funcionamento e espera-se que se mantenha ao longo do ciclo de vida da instalação até à sua demolição (Cradle to grave). No entanto, durante as fases de conceção e construção, o ficheiro de saúde e segurança deve conter informações de gestão de instalações que são cruciais e devem ser transmitidas ao cliente e ao gestor de instalações. Os desafios intimidantes do FM são revelados quando os desafios de troca de informações experimentados durante a conceção/construção são multiplicados ao longo do ciclo de vida de uma instalação (Jordani, 2010).

Hinks (2003), citado em (Olomolaiye et al, 2004), dividiu as formas de gestão financeira em duas categorias: questões duras e questões suaves. As questões duras têm sido associadas à "gestão e manutenção de propriedades", enquanto as questões suaves incluem a "gestão de serviços de apoio". Olomolaiye et al (2004) salientou ainda que algumas questões podem ser classificadas de qualquer forma, como a limpeza (NHS 2003) citado em Olomolaiye et al (2004).

Para efeitos deste livro, foi adoptada a abordagem de classificação de Olomolaiye et al (2004), em que se tentou dividir o FM tendo em conta as questões pessoais e tecnológicas. As questões relacionadas com as pessoas são colocadas na 'categoria soft FM' e as questões tecnológicas na 'categoria hard FM'. No entanto, as questões soft e hard podem ser referidas como tarefas de FM.

Principais tarefas da Gestão de Instalações (FM)

As várias tarefas em FM são numerosas e, em muitos casos, são específicas da organização e do tipo de edifício. Algumas das principais tarefas potencialmente relevantes para a instalação em questão (MediaCityUK) são descritas abaixo em tarefas suaves e difíceis.

As tarefas transversais incluem a gestão da utilização do espaço de trabalho, tais como

a) Gestão do espaço de escritórios: Auditoria da utilização do espaço, re-conceção do espaço. Trabalho flexível e gestão contínua da utilização do espaço.

b) Limpeza

c) Restauração

d) Eliminação e reciclagem de resíduos (os resíduos perigosos devem ser eliminados de acordo com toda a legislação aplicável)

e) Receção

f) Segurança

g) TI/Central telefónica

Algumas das tarefas transversais têm elementos de gestão, tais como:

h) Calcular e comparar os custos dos bens ou serviços necessários para obter a melhor relação qualidade/preço

i) Gerir e liderar a mudança para garantir uma perturbação mínima das actividades principais

j) Contacto com os inquilinos de imóveis comerciais

k) Coordenar e dirigir uma equipa ou equipas de pessoal para cobrir várias áreas de responsabilidade

l) Utilizar técnicas de gestão do desempenho para monitorizar e demonstrar a consecução dos níveis de serviço acordados e para liderar a melhoria

m) Coordenar e dirigir uma equipa ou equipas de pessoal para cobrir várias áreas de responsabilidade

n) Utilizar técnicas de gestão do desempenho para monitorizar e demonstrar a consecução dos níveis de serviço acordados e para liderar a melhoria

o) Responder adequadamente a emergências ou questões urgentes à medida que estas surgem

p) Dirigir e planear os serviços centrais essenciais, como a receção, a segurança, a manutenção, o correio, o arquivo, a limpeza, a restauração, a eliminação de resíduos e a reciclagem

As tarefas difíceis também incluem a manutenção física efectiva do seguinte, que deve ser contínua (GSA 2008):

q) Sistemas de energia normal (subestações eléctricas) e sistemas de energia de emergência (geradores de reserva)

r) Sistema de automatização de edifícios (BAS), segurança e fechaduras

s) Sistemas de aspersão, sistemas de deteção de fumo/fogo e extintores de incêndio, sinalização e planos de evacuação

t) Engenharia mecânica e engenharia (engenharia M&E)

u) Janelas e portas

Outras tarefas difíceis incluem:

v) Verificar se o trabalho acordado pelo pessoal ou pelos contratantes foi concluído de forma satisfatória e dar seguimento a eventuais deficiências

Capítulo 3

MELHORES PRÁTICAS DE UTILIZAÇÃO DO BIM NA FM

Para compreender a forma como o BIM é aplicado na prática através da análise de alguns casos, é importante analisar mais de perto a tecnologia BIM. Freeman (2009) define o BIM como a progressão natural da utilização de ferramentas de desenho assistido por computador (CAD) para combinar objectos gráficos com dimensões paramétricas de forma a simular os resultados reais da construção, mesmo antes da abertura de estradas. A progressão tem sido de 2D para 3D, 4D e BIM. Embora os modelos 3D dêem contributos valiosos para as comunicações, nem todos os modelos 3D se qualificam como modelos BIM, uma vez que uma representação geométrica 3D é apenas parte do conceito BIM (GSA 2010).

A Modelação da Informação da Construção (BIM), enquanto descrição digital integrada de um edifício e do seu local, inclui objectos descritos por uma geometria 3D precisa, com atributos que definem a descrição pormenorizada da parte ou elemento do edifício e as relações com outros objectos (Mitchell e Schevers, 2006). O potencial do mundo virtual que adopta a tecnologia imersiva do modelo BIM cria oportunidades para a perceção imersiva do edifício pelas partes interessadas (Okeil, 2010). Pode reunir os diferentes fios de informação utilizados na construção num único ambiente operacional, reduzindo assim, e muitas vezes eliminando, a necessidade de muitos tipos diferentes de documentos contabilísticos (Froese, 2008). Melhora a colaboração e ajuda a acelerar o tempo de resposta a perguntas e respostas entre os membros da equipa do projeto (Kymell, 2008).

O BIM também pode ser utilizado como uma estrutura de informação para armazenar e recuperar dados relacionados com o FM (Freeman 2009). Existem vários softwares BIM baseados em objectos interoperáveis que poderiam ter sido utilizados para este estudo, como o ArchiCAD da Graphisoft, o Industry Foundation Classes (IFC) da BuildingSmart e o Revit da Autodesk. O Revit da Autodesk foi selecionado por duas razões principais:

a) Criado especificamente para BIM: O software Revit é capaz de organizar o processo de geração de modelos BIM e permite prestar atenção aos pormenores. Tem a capacidade de programação de materiais em tempo real e uma interface de fácil utilização.

b) Disponibilidade: Esta é uma das razões importantes para a seleção, uma vez que a Universidade de Salford detém uma licença para o Revit, pelo que está acessível para utilização neste estudo, que é um projeto universitário.

O BIM foi utilizado em numerosos projectos e continua a ser utilizado. Em março de 2008, o Serviço de Edifícios Públicos (PBS) da Administração de Serviços Gerais dos EUA (GSA) assinou um acordo com três organizações imobiliárias internacionais para apoiar normas abertas para software e sistemas de Modelação da Informação da Construção (BIM). Também determinou que todas as novas instalações e grandes projectos de modificação devem utilizar um modelo BIM para validação espacial." (Boutwell 2008) citado em (Gillard et al 2008). Isto corrobora Froese (2008), que afirma que o BIM não é uma tendência de curta duração.

Aplicação do modelo de informação da construção na Sydney Opera House

Um dos exemplos da adoção do BIM é a sua aplicação na Sydney Opera House (SOH) (ver Figura 3), com o objetivo de identificar as melhores práticas na indústria de FM.

Figura 3: Sydney Opera House (SOH) (Imagem de http://www.theconstructionindex.co.uk/)

O objetivo do estudo era utilizar o SOH como um estudo de caso da aplicação da informação de construção destacada a partir da modelação (BIM). Durante o estudo, foram salientadas muitas preocupações, entre as quais: a) a complexidade do edifício; b) a insuficiência de sistemas independentes para servir o edifício; c) a insuficiência de informações actualizadas sobre as instalações para as funções empresariais; d) o potencial de pressão sobre a capacidade dos serviços existentes das instalações em resultado das grandes modernizações planeadas para o edifício. No entanto, a conversão BIM foi efectuada sem dificuldades técnicas por razões que incluem: a) boas políticas de documentação por parte da SOH, b) a natureza do requisito de especificação do modelo IFC (industry foundation class) do protocolo BIM e a sua correspondência em nomenclatura com os dados SOH; por conseguinte, interoperável, c) as oportunidades para processos inovadores fornecidos pelo próprio ambiente BIM (Mitchell 2005). Em conclusão, o estudo elaborou com êxito as normas de construção actuais do SOH para um ambiente BIM e os benefícios só podem ser aproveitados quando o BIM for adotado operacionalmente pelo SOH.

De acordo com Mitchell (2006), alguns dos benefícios do BIM identificados durante o estudo SOH são

A principal vantagem do BIM:

   a) A sua representação geométrica exacta das partes de um edifício num ambiente de dados integrado.

Benefícios relacionados:

b) Processos mais rápidos e mais eficazes - a informação é mais facilmente partilhada, pode ser valorizada e reutilizada

c) Melhor conceção - as propostas de construção podem ser rigorosamente analisadas, as simulações podem ser efectuadas rapidamente e o desempenho pode ser aferido, permitindo soluções melhoradas e inovadoras

d) Custos durante todo o ciclo de vida e dados ambientais controlados - o desempenho ambiental é mais previsível, os custos do ciclo de vida são compreendidos

e) Melhor qualidade de produção - a produção de documentação é flexível e explora a automatização

f) Deteção e prevenção de conflitos/interferências - Os conflitos involuntários de elementos de conceção podem ser detectados e resolvidos durante a fase de conceção

g) Conformidade do código/verificação do código de construção - a saída da documentação permite verificações visuais e paramétricas mais fáceis da conformidade do código

h) Montagem automatizada - os dados digitais dos produtos podem ser explorados nos processos a jusante e no fabrico Melhor serviço ao cliente - as propostas são compreendidos através de uma visualização exacta dos dados do ciclo de vida - os requisitos, o projeto, a construção e as informações operacionais podem ser utilizados no FM

Além disso, de acordo com Gillard et al (2008), os benefícios do BIM FM para o projeto SOH incluem

a) Maximizar "a eficiência e a eficácia na forma como a SOH efectua as aquisições, evitando aquisições desnecessárias;

b) Assegurar que as decisões de aquisição são tomadas com base nos custos ao longo da vida e na adequação cultural e não apenas em critérios financeiros a curto prazo;

c) Assegurar a coordenação das compras entre os serviços, sempre que possível, a fim de

d) melhorar a eficiência, devidamente planeada e calendarizada, de modo a aumentar o valor global sem aumentar os custos". (Morris et al, 2006)

A conclusão do exemplo SOH de aplicação do BIM em FM é que este se revelou muito bem sucedido, para um edifício que é simultaneamente um ícone e destinado a ter uma vida útil de pelo menos 250 anos, exigindo um ajuste sensível à mudança cultural e à procura ao longo do tempo e uma manutenção sustentável do tecido e dos acessórios (Gillard et al, 2008).

Do estudo, a componente BIM conduziu a uma melhoria significativa da eficiência energética e da gestão da Opera House. O BIM proporcionou uma visão única, consistente e actualizada de todos os aspectos da instalação e esta abordagem revolucionária apoiará o futuro crescimento da produtividade na indústria de FM (Gillard et al, 2008).

Estudo de caso do Atlantic College

Este estudo tentou ilustrar como a utilização do BIM pode ser uma ferramenta essencial para a conceção e manutenção de edifícios, que devem ser renovados seguindo uma metodologia sustentável. De acordo com Gillard et al (2008), a Gillard Associates adoptou a abordagem de modelação 3D gerada pelo BIM quando iniciou a conceção da renovação dos blocos de alojamento de estudantes dos anos 60 no Atlantic College, no País de Gales, no final de 2007, procurando criar um projeto que valorizasse o ambiente natural (ver Figura 4).

Figura 4: Um dos três blocos de alojamento do Atlantic College antes da renovação. Imagem de; (Gillard et al 2008).

Um dos objectivos da utilização do BIM no projeto do Atlantic College era eliminar a confusão, o erro e o atraso no local, reduzindo assim o custo total da construção. Um exemplo da poupança de custos, segundo Gillard et al (2008), é a poupança prevista pela BAA do custo de aquisição do edifício com a utilização do BIM no Terminal Cinco, com base na experiência anterior do projeto Heathrow Express.

De acordo com Gillard et al (2008), antes do projeto do Atlantic College, para além de algumas iniciativas pioneiras como o estudo SOH, pouco trabalho foi ainda realizado na utilização do BIM para a gestão e renovação de edifícios existentes. No entanto, os projectos SOH de referência indicam que a modelação da informação de construção de edifícios existentes, que pode estar a aumentar devido aos actuais requisitos de sustentabilidade, requer uma abordagem significativamente diferente da adoptada em novos projectos. Os modelos desenvolvidos para novas construções não são necessariamente adequados para efeitos de renovação (Penttila et al, 2007). É essencial notar que, em projectos de renovação, o modelo de inventário não contém apenas dados geométricos. No entanto, deve ser capaz de conter toda a informação relacionada com o projeto de conceção, que é necessária no processo e por todos os participantes no projeto (Penttila et al 2007).

As conclusões do estudo atribuíram grande importância à interoperabilidade dos programas de software BIM. No entanto, são apresentadas a seguir algumas outras conclusões importantes:

a) Com a ajuda da avaliação tridimensional das soluções de design de um modelo BIM, há melhorias na qualidade e na troca de informações entre as partes, reduzindo o número de erros de design, aumentando a eficiência do processo de design e garantindo que o resultado final está em conformidade com os objectivos.

b) Para além dos custos de investimento e da funcionalidade, os custos do ciclo de vida e o impacto ambiental também são normalmente incluídos na avaliação, sempre que possível, porque a sua comparação através de simulações é um dos principais benefícios do BIM integrado." No entanto, considera-se que existe atualmente uma ênfase excessiva nos aspectos de construção nova do BIM (apenas conceção e aquisição), que necessita de ser corrigida para garantir que o modelo suporta os dados de gestão financeira ao longo de todo o ciclo de vida da instalação, desde a conceção até à demolição, alargando a ênfase excessiva atual à fase de conceção e construção (Senado 2007).

c) A utilização do BIM pode proporcionar vantagens tais que as pequenas empresas podem obter resultados competitivos com base na utilização bem sucedida do BIM, que apresentam caraterísticas semelhantes às alcançadas em projectos de renovação líderes a nível internacional

d) Pode estabelecer-se uma relação duradoura entre o consultor e o cliente, ajudando-o a gerir o modelo e, consequentemente, o parque imobiliário.

No futuro, é provável que o Modelo de Informação da Construção mais importante seja aquele que se encontra no formato IFC (Gillard et al, 2008).

Modelo hipotético de aplicação BIM para FM

No entanto, há níveis em que é possível a contribuição do BIM para as diferentes tarefas de FM. Algumas tarefas prestam-se facilmente à adoção do BIM, enquanto outras têm menos probabilidades de o fazer.¹ Esta situação é ilustrada num mapa concetual hipotético. O quadro 1 ilustra os códigos adoptados para o mapa concetual hipotético.

Quadro 1 Códigos das tarefas de gestão financeira utilizados no mapa concetual/modelo hipotético

Códigos	Tarefas de FM
FMS01	i) Gestão do espaço de escritórios: Auditoria da utilização do espaço, re-conceção do espaço. Trabalho flexível e gestão contínua da utilização do espaço.
FMS02	ii) Limpeza
FMS03	iii) Restauração
FMS04	iv) Eliminação e reciclagem de resíduos
FMS05	v) Receção

FMS06	vi) Segurança
FMS07	vii) TI/Central telefónica
FMS08	viii) Calcular e comparar os custos dos bens ou serviços necessários para obter a melhor relação qualidade/preço
FMS09	ix) Gerir e liderar a mudança para garantir o mínimo de perturbação das actividades principais
FMS10	x) Contacto com os inquilinos de imóveis comerciais
FMS11	xi) Coordenar e dirigir uma equipa ou equipas de pessoal para cobrir várias áreas de responsabilidade
FMS12	xii) Utilizar técnicas de gestão do desempenho para monitorizar e demonstrar a consecução dos níveis de serviço acordados e para liderar a melhoria
FMS13	xiii) Responder adequadamente a emergências ou questões urgentes à medida que estas surgem
FMS14	xiv) Dirigir e planear os serviços centrais essenciais, tais como a receção, a segurança, a manutenção, o correio, o arquivo, a limpeza, a restauração, a eliminação de resíduos e a reciclagem
FMH01	xv) Sistemas de energia normal (subestações eléctricas) e energia de emergência
FMH02	xvi) Sistema de automatização de edifícios (BAS), segurança e fechaduras
FMH03	xvii) Sistemas de aspersão, sistemas de deteção de fumo/fogo e extintores de incêndio, sinalização e planos de evacuação
FMH04	xviii) Engenharia mecânica e engenharia (engenharia M&E)
FMH05	xix) Janelas e portas
FMH06	xx) Verificar se o trabalho acordado pelo pessoal ou pelos contratantes foi concluído de forma satisfatória e dar seguimento a eventuais deficiências

Foram atribuídos códigos às tarefas de gestão financeira nas tabelas 1, que foram utilizados para o desenvolvimento do modelo hipotético da Figura 5.

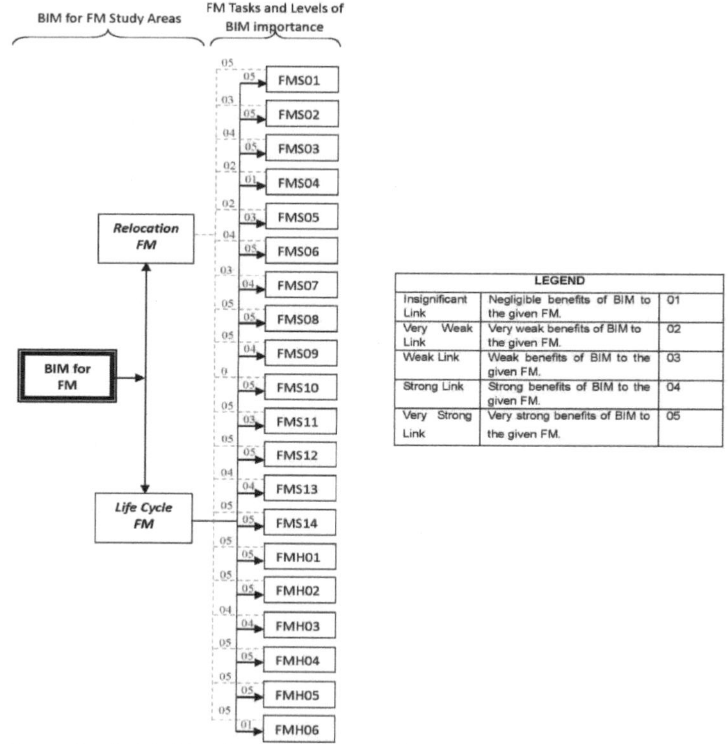

LEGEND		
Insignificant Link	Negligible benefits of BIM to the given FM.	01
Very Weak Link	Very weak benefits of BIM to the given FM.	02
Weak Link	Weak benefits of BIM to the given FM.	03
Strong Link	Strong benefits of BIM to the given FM.	04
Very Strong Link	Very strong benefits of BIM to the given FM.	05

Figura 5: Modelo hipotético de utilização do BIM para FM mostrando níveis de relevância/benefícios e relações

Resumo do modelo hipotético

O nível de relevância do BIM nas diferentes tarefas de FM, sejam elas duras ou suaves, pode variar. A partir da literatura disponível, o modelo hipotético desenvolvido mostra que algumas questões de gestão empresarial beneficiarão significativamente do BIM e em que medida. Essas tarefas incluem: gestão do espaço de escritórios (FMS01), cálculo dos custos de bens e serviços (FMS08), utilização de técnicas de gestão do desempenho para monitorizar os níveis de serviço acordados (FMS12). Ver Figura 5 para mais informações. No entanto, algumas tarefas de FM hipoteticamente pouco beneficiarão do BIM. Essas tarefas incluem: receção (FM05) e contacto com outros inquilinos (FM10) durante a fase de mudança dos ocupantes, uma vez que a estrutura de trabalho pode não estar totalmente funcional nessa altura. Outras tarefas podem ser vistas na Figura 5.

Capítulo 4

ESTUDO DE CASO MEDIACITYUK

Foi efectuado um estudo de caso com base na recomendação de Yin (2003) para a conceção de um estudo de caso único. No entanto, o tipo de dados recolhidos foi informado pela finalidade e objectivos propostos para este estudo. As fontes de dados secundários e primários adoptadas foram a literatura, as entrevistas, os desenhos de arquitetura e o modelo BIM. O estudo de caso único foi abordado pela seguinte ordem: a) Visão geral baseada na literatura disponível, entrevistas e modelo BIM baseado nos desenhos arquitectónicos do edifício MediaCity UK.

Vista geral do edifício MediaCityUK

Em 2007, foi apresentado à Câmara Municipal de Salford um pedido de planeamento para o novo edifício MediaCityUK. Trata-se de três edifícios centrais, concebidos pelos arquitectos Wilkinson Eyre ao lado do Lowry, num antigo local de 200 acres de docas comerciais (Wylie 2007). O edifício da Universidade de Salford é um dos muitos edifícios do MediaCityUK, composto por escritórios, blocos de estúdios, hotéis e apartamentos (ver Figura 6)

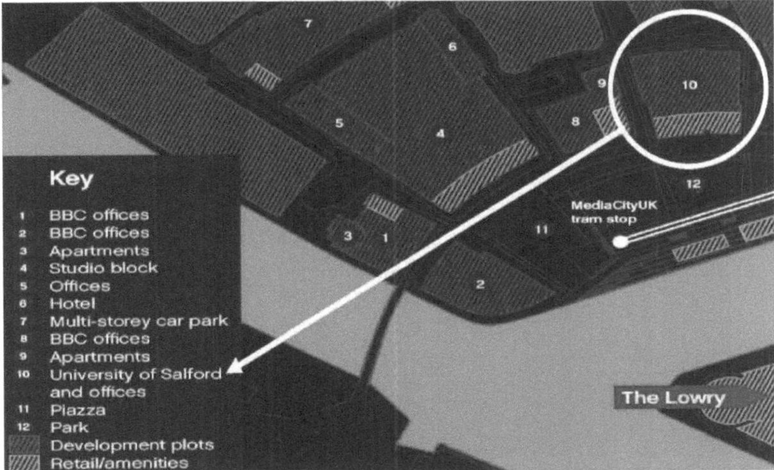

Figura 6: Mapa reduzido que mostra a posição do edifício "University of Salford building MediaCityUK" (Imagem de www.bbc.co.uk/)

De acordo com a universidade, o novo centro universitário deverá compreender 100 000 pés quadrados em quatro andares e estará ligado às quatro faculdades da universidade no campus principal (Russell 2009). Prevê-se também que mais de 4 500 funcionários e estudantes e algumas unidades-chave de apoio à investigação e às empresas possam estar envolvidos na mudança. O centro da Universidade no MediaCityUK foi planeado para incluir uma zona de transmissão, uma zona de meios digitais, um laboratório virtual, um espaço de desempenho digital e espaços criativos para utilização no ensino académico, na aprendizagem baseada em projectos e na conceção e inovação centradas no utilizador (Russell 2009). No entanto, os desenhos actuais reflectem mais espaços funcionais do que os enumerados, o que sugere requisitos de espaço actualizados para a instalação.

A cidade começou a ganhar vida a partir da primavera de 2010 (Ozturk et al 2010). O edifício da Universidade no MediaCityUK tem três portas duplas e duas simples no lado leste, três portas duplas, uma porta simples de batente duplo e duas portas giratórias no lado norte, três portas duplas e três portas simples no lado oeste e nenhuma porta no lado sul.

Capítulo 5

PROCESSO DE MODELAÇÃO BIM DO EDIFÍCIO MEDIACITYUK

Para criar o edifício MediaCityUK para a Universidade de Salford, os dados relevantes do modelo mestre de entrada foram extraídos dos desenhos fornecidos. É importante, no entanto, salientar que os dados extraíveis dos desenhos eram limitados, pelo que foram utilizados substitutos funcionalmente idênticos. Isto tenderá a reduzir a integridade da representação do modelo do atual edifício MediaCityUK, pelo que o BIM gerado foi referido como um modelo "e se". Não se espera que esta substituição reduza a relevância dos resultados para o MediaCityUK. No entanto, é igualmente importante salientar que, de acordo com Smith & Tardif (2009), o BIM de ciclo de vida completo está hoje fora do alcance de qualquer utilizador final, porque não existem nem a tecnologia nem as condições de mercado que o suportem.

Dados do modelo mestre do MediaCityUK

Os dados do modelo mestre foram gerados a partir dos documentos de arquitetura, que incluem desenhos e especificações, uma vez que incorporam no BIM informações a partir das quais podem ser gerados sub-modelos. As informações obtidas foram utilizadas para criar e sincronizar com o modelo principal. Quando é necessário criar novos dados de modelo dentro do modelo principal, a especificação fornecida no desenho foi utilizada para determinar o tipo de Revit, as convenções de nomeação e os dados de propriedade necessários. Os conjuntos de propriedades padrão são definidos para o modelo Revit e utilizados quando aplicável e de acordo com esta especificação.

MediaCityUK Sub-modelos

Para além da ênfase na informação que beneficia a gestão das instalações, o modelo principal do MediaCityUK pode ser dividido em muitos sub-modelos lógicos específicos de cada disciplina. Esses sub-modelos podem incluir: arquitetura, utilização do solo, terreno, serviços públicos, estrutura, mecânica, eletricidade, transportes, equipamento e civil.

Requisito de dados BIM

Os dados do modelo do edifício devem estar em conformidade com o formato de ficheiro interoperável Revit DWG e DXF, e de acordo com as presentes especificações. Nota: Os utilizadores que pretendam utilizar os dados do modelo do edifício em DXF devem consultar o Gabinete de Instalações da Universidade de Salford para confirmar o processo de partilha de dados mais adequado.

Configuração do modelo Revit

Uma vez que não foram fornecidos desenhos electrónicos CAD adequados, as imagens das plantas baixas tiveram de ser importadas para a interface BIM, dimensionadas com a maior precisão possível e traçadas utilizando objectos de parede do Revit para gerar o layout da planta baixa BIM. A configuração do desenho foi baseada na interface fornecida pelo software Revit e teve em conta a escala, as camadas, os dados BIM, o acesso ao local/edifício e as definições dos pisos. No entanto, devido à falta de desenhos de secções, o carácter de algumas das linhas não era claro, pelo que surgiram situações confusas em que os balaústres podiam ser entendidos como paredes e vice-versa; no entanto, isto foi esclarecido.

Todos os modelos estavam à escala métrica 1:1, com unidades em milímetros com 0 casas decimais. O Layering no projeto Revit foi utilizado para definir e agrupar elementos do projeto.

Dados Revit BIM para MediaCityUK

Os desenhos fornecidos a partir dos quais os dados foram extraídos nas Figuras 7 a 20 são exemplos; a inclusão de todos os desenhos aumentará significativamente o tamanho do livro. A exatidão dos dados basear-se-á em desenhos que podem diferir dos desenhos "as-built", daí a necessidade de atualizar o modelo BIM após a construção.

Figura 7: Desenhos electrónicos 2D Planta do rés do chão

Figura 8: Desenhos 2D electrónicos Planta do primeiro andar

Figura 9: Desenhos electrónicos 2D Planta do segundo andar

Figura 10: Desenhos electrónicos 2D Planta típica

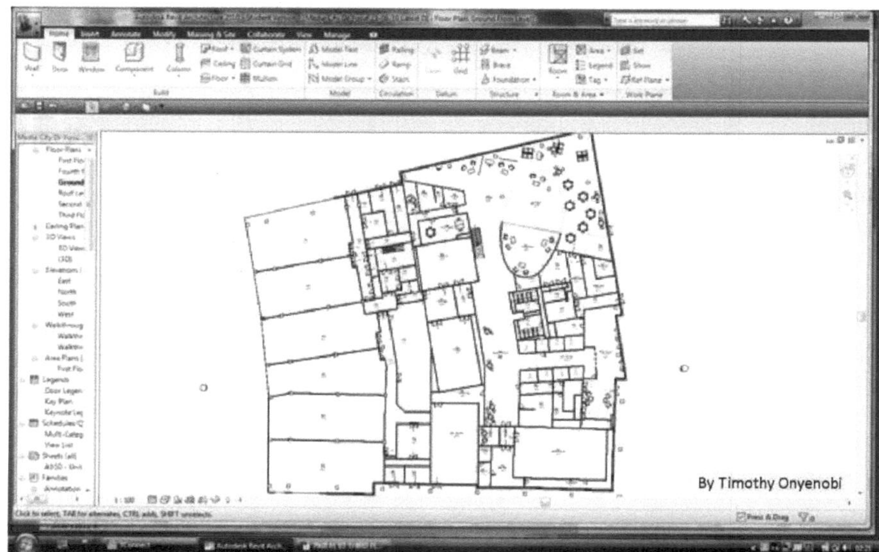

Figura 11: Planta do piso térreo do modelo REVIT BIM

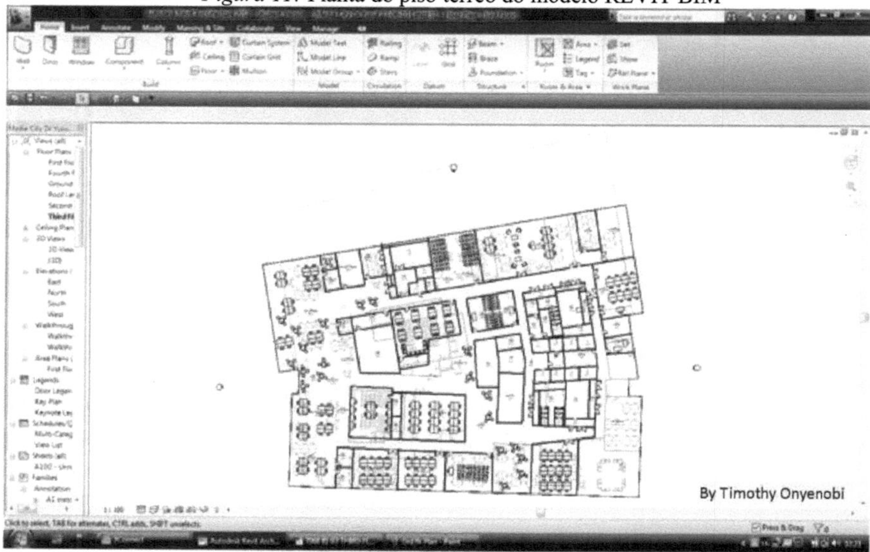

Figura 12: Modelo REVIT BIM Plano do segundo piso

Figura 13: Modelo REVIT BIM do terceiro andar Isométrico 3D Vista Sudeste da Planta

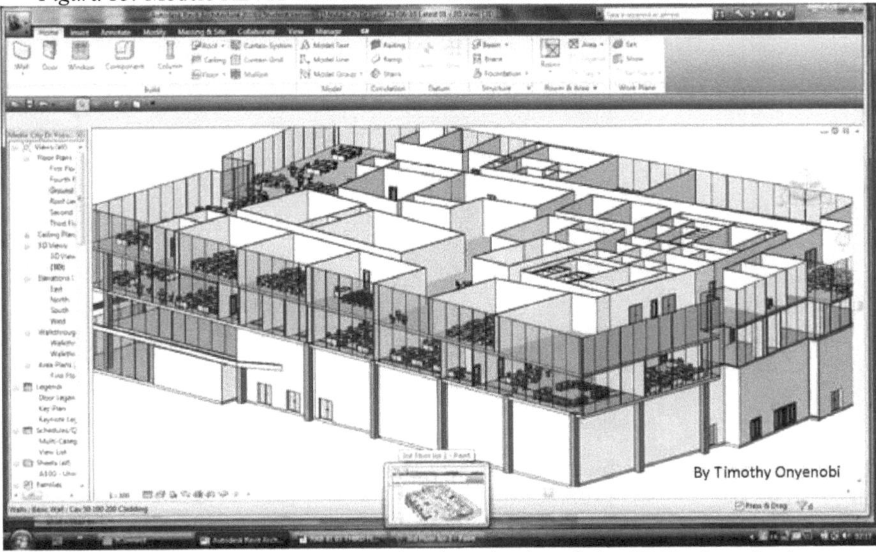

Figura 14: Modelo REVIT BIM do terceiro piso Vista isométrica 3D Nordeste da planta

Figura 15: Modelo REVIT BIM do terceiro piso Isométrico 3D Vista Sudeste da Planta

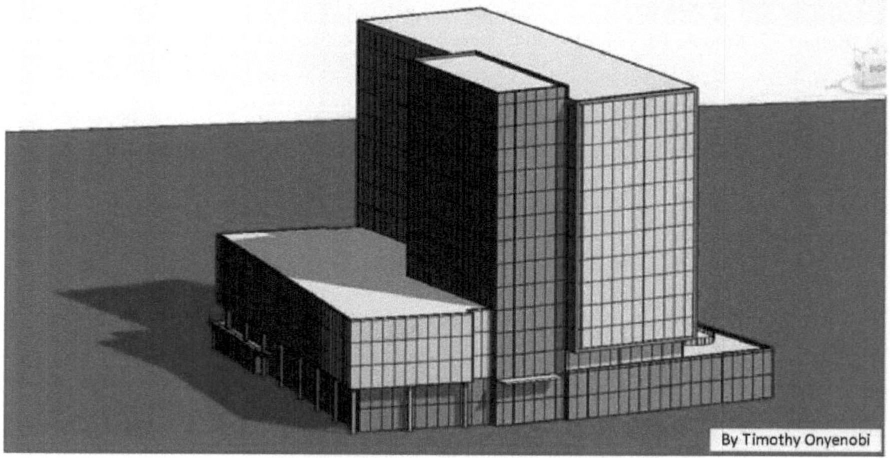

Figura 16: Vista em perspetiva do modelo REVIT BIM

Figura 17: Modelo REVIT BIM Vista da elevação exterior sudoeste

Figura 18: Modelo REVIT BIM Vista exterior isométrica 3D Sudeste

Figura 19: Vista da elevação exterior nordeste do modelo REVIT BIM

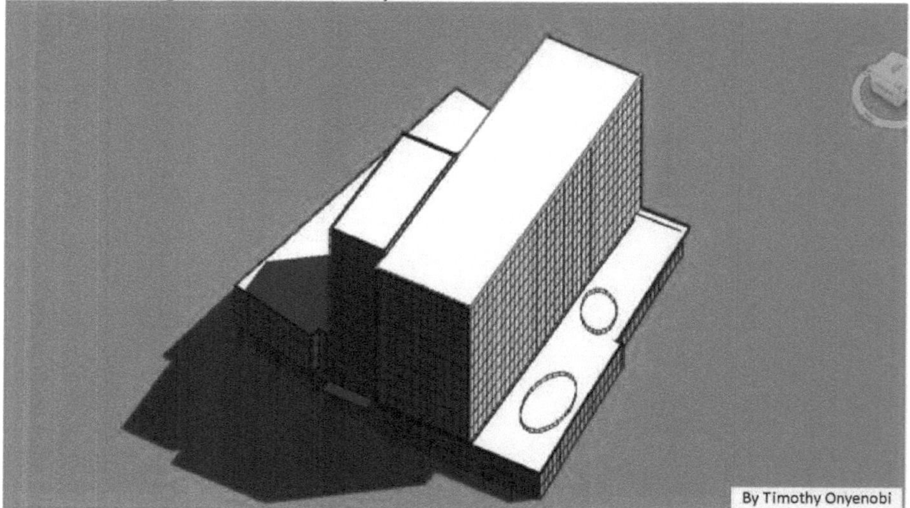

Figura 20: Modelo REVIT BIM Exterior Noroeste Vista aérea

Dados do sítio para MediaCityUK

Os dados do sítio MediaCityUK não foram disponibilizados para este estudo no momento da redação deste documento. Recomenda-se uma atualização do modelo quando estiverem disponíveis dados/desenhos mais detalhados do local.

Definições de andares

Todos os níveis de andares/pavimentos no modelo BIM do edifício da Universidade de Salford foram designados de acordo com o Quadro 2:

Tabela 2. Configurações dos andares

Nível Código	Metros acima do nível do mar	Nome do nível	Elevação em metros (FFL)
Nível -G	+24.45	Nível do rés do chão: *Universidade de Salford (estúdios, laboratórios e espaços não atribuídos)*	24.45
Nível - 01	+28.45	Nível do primeiro andar: *Universidade de Salford (estúdios, laboratórios, gabinetes e espaços não atribuídos)*	28.45
Nível - 02	+32.65	Nível do segundo andar: *Universidade de Salford (estúdios, laboratórios, gabinetes e espaços não atribuídos)*	32.65
Nível - 03	+36.65	Nível do terceiro andar: *Universidade de Salford Plano aberto, exposição, escritórios, áreas de reunião e multifunções*	36.65
Nível - 04	+40.65	Nível do quarto andar	40.65
Nível - 05	+44.65	Nível do quinto andar	44.65
Nível - 06	+48.65	Nível do sexto andar	48.65

Nível - 07	+52.65	Nível do sétimo andar	52.65
Nível - 08	+56.65	Nível do oitavo andar	56.65
Nível - 09	+60.65	Nível do nono andar	60.65
Nível - 10	+64.65	Nível do décimo andar	64.65
Nível - 11	+68.65	Nível do décimo primeiro andar	68.65
Nível - 12	+72.56	Nível do décimo segundo andar	72.56
Nível - 13	+76.65	Nível do piso da fábrica	76.65
Nível - 14	+80.65	Nível do telhado	80.65

| Nível - 15 | +82.65 | Cobertura do telhado | 82.65 |

Nota: A afetação do espaço dos andares do edifício consta dos desenhos (ver figuras 7 a 12).

Hierarquia espacial

O modelo BIM do MediaCityUK tem definições espaciais que podem ser consideradas como compreendendo as seguintes entidades: Zonas de Localização, Espaços Funcionais, Salas e Lugares. Isto pode ser considerado como uma forma de classificação do espaço a partir de uma maior (local de construção) até ao mais pequeno (locais dentro de uma divisão). Esta definição espacial cria uma estrutura hierárquica que facilita a compreensão dos espaços durante o exercício de gestão do projeto/processo e de gestão das instalações.

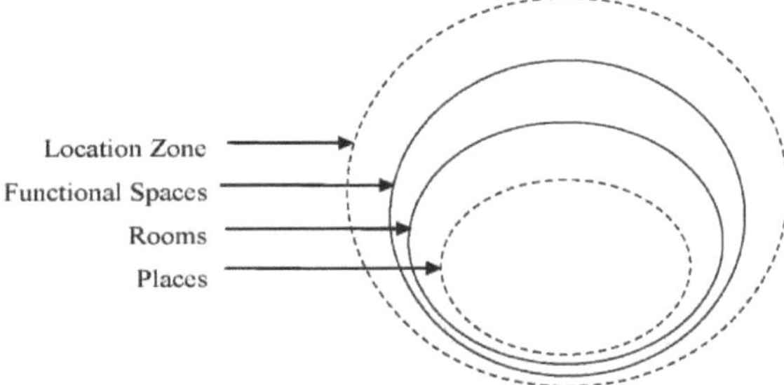

Figura 21: Gráfico de hierarquia espacial: as linhas pontilhadas representam espaços sem limites físicos, enquanto as linhas sólidas representam espaços com limites

A zona de localização e os locais que se encontram a tracejado na Figura 21 identificam entidades especiais, que não estão claramente definidas por limites ou paredes nos desenhos disponíveis. Os espaços funcionais e as divisões em linhas sólidas identificam entidades espaciais que estão definidas e foram reproduzidas com maior exatidão no modelo BIM.

Localização Zonas

O sítio do MediaCityUK, tal como consta do plano da fase 1 do MediaCityUK (ver figuras 7 a 12), não está bem definido. Um desenho mais pormenorizado do local é crucial para a identificação da zona de localização, o que ajudará a coordenar o acesso dos transportes ao MediaCityUK durante a mudança.

Espaços funcionais

As unidades organizacionais dentro do MediaCityUK, o complexo da Universidade de Salford, foram referidas neste estudo como Espaços Funcionais. A definição de FS baseou-se na interpretação de desenhos. A Tabela 3 abaixo apresenta o âmbito atual. Os espaços funcionais no Complexo MediaCityUK da Universidade de Salford são numerados de acordo com a seguinte convenção:

Código do piso><número sequencial>. O código do espaço funcional (FS) é um alfabeto ou/e um número com números a seguir às casas decimais que indicam o número da sala/espaço, por exemplo, a sala número 2 do rés do chão reflecte-se da seguinte forma G.02. Os nomes das salas estão documentados nas plantas dos pisos existentes. Ver desenhos de arquitetura do edifício nas Figuras 7 a 12.

Tabela 3. Espaços funcionais

Código FS	Nome do FS|	Definição de FS
G.18	Laboratório vivo	Laboratório vivo, teto, colunas, parede elíptica e zona polivalente.
G.02	Circulação/Exposição	Zona de estar descontraída, acesso aos elevadores, sala verde e escadas para o primeiro andar.
1.04	Reunião de colaboração Área	Zona de estar comum aberta, balaústres com vista para o rés do chão, ponte para os estúdios.
2.21	Vend Breakout	Cozinha, arrumação de cozinha, zona de estar, zona de recursos.
2.04	Espaço de colaboração	Área de estar descontraída, acesso ao átrio dos elevadores e às escadas.
2.08	Escritório em plano aberto	Área de descanso, armazenamento de cacifos, colunas, paredes de cortina.
3.26	Oficina da sala de redação	Zona de recursos jornalísticos, zona de estar descontraída.

3.03	Espaço de colaboração	Zona de recursos, zona de estar descontraída, exposição, acesso ao átrio dos elevadores e às escadas.
2.08	Escritório em plano aberto	Área de descanso, armazenamento de cacifos, armazenamento de recursos, colunas.

Quartos

As salas para este estudo são áreas que foram definidas pelos principais elementos de parede do edifício, etc. (potencialmente não passíveis de serem removidos) (Mitchell 2005). As salas do complexo MediaCityUK da Universidade de Salford são numeradas de acordo com a seguinte convenção adoptada para os espaços funcionais e são referidas nesta secção como "ID".

Tabela 4. Salas

ID	Tipos Rés do chão.	ID	Tipos Primeiro andar.	ID	Tipos Segundo andar.	ID	Tipos Terceiro andar.
G.01	*Elevador da Universidade*	1.01	Átrio do elevador	2.01		3.01	Átrio do elevador
G.02	*Lobby Circulação/*	1.02	Circulação	2.02	*Circulação*	3.02	*Circulação*
G.03	*Exposição*	1.03	Intervalo *Escada*	2.03	*Escadas*	3.03	Colaboração
G. 04	Lobby	1.04	Colaboração/	2.04	Colaboração	3.04	Espaço Área de descanso
G.05	Receção	1.05	Operações da área de reuniões	2.05	Espaço Área de descanso	3.05	Escritório em plano aberto
G. 06 G.07	- Segurança	1.06 1.07	Gestão FM Limpador de escritório *Pontes*	2.06 2.07	Pod	3.06 3.07	Estudo
G.08	Correio	1.08	Lobby	2.08	Plano aberto	3.08	Sala quente
G.09	TI primário	1.09	Controlo por rádio	2.09	Escritório	3.09	Sala quente

G.10	Exposição de sistemas	1.1	Quarto Estúdio de rádio	2.1	Sala quente	3.1	Técnico
G. 11	-	1.11	A Estúdio de rádio	2.11	Sala quente	3.11	Apoio Laboratório de ensino
G.12	Servidor	1.12	B Sec IT	2.12	Sala quente	3.12	Informática secundária
G.13	Armazenagem/Preparação	1.13	Controlo TV B	2.13	Sala quente	3.13	Sistemas de cacifos/armazenamento
G.14	Casa	1.14	Sala de prateleiras	2.14	Informática secundária	3.14	Cozinha
G.15	Armazenamento de móveis	1.15	Controlo DPL	2.15	Sistemas Cacifos/Armazenamento	3.15	Exposição
G.16	Loja Loja	1.16	Quarto Loja	2.16	PC Suite 1	3.16	Vend Breakout
G.17	Sala verde	1.17	Átrio da DPL	2.17	Loja AV	3.17	
G.18	Viver	1.18	Controlo DPL	2.18	Ensino 3	3.18	Sala de projectos
G.19	Laboratório DPL	1.19	Quarto A (Visão) Controlo DPL	2.19	Teatro de dobragem	3.19	Loja
G.20	Vestir Loja de multimédia	1.2	Sala A (som) Átrio	2.2	Computador de música	3.2	Loja
G.21	Lobby	1.21	Lobby	2.21	Suite Vendedor/Breakout	3.21	Loja
G.22	Meios digitais	1.22		2.22	Limpador	3.22	PC Suite 2
G.23	Desempenho Laboratório -	1.23		2.23	Ensino	3.23	Reunião 1

G.24	Loja DPL	1.24		2.24	Playback Canal M Produção	3.24	Sala multiconfessional
G.25	Suporte técnico Escritório/TI	1.25		2.25	Editar Suite 1	3.25	Área de seminários para a suite de edição de vídeo
G.26	Derrame de TV	1.26		2.26	Editar Suite 2	3.26	Sala de Imprensa/
	Loja						Oficina
G.27	Lobby	1.27		2.27	Editar Suite 3	3.27	U.C.M.M.R.L
G.28	Estúdio de TV B	1.28		2.28	Biblioteca	3.28	Laboratório de processamento de vídeo.
G.29	Estúdio de TV A	1.29		2.29	Pessoal do ILS	3.29	Sala quente
G.30	Loja de estúdios de TV	1.3		2.3	Estudo silencioso 1	3.3	Sala quente
G.31	-	1.31		2.31	Servidor	3.31	Ensino 1
2.32	Área do pessoal	1.32		2.32	Sistemas informáticos secundários	3.32	Ensino 2
				2.33	Reunião 2	3.33	Recurso/ Armazenamento
				2.34	Ensino 4	3.34	
				2.35	Sala de conferências	3.35	Sala de aula
				2.36	Pós-produção áudio	3.36	Loja

				2.37	Lobby	3.37	
				2.38	Cabine de som	3.38	Conjunto de edição de vídeo
				2.39	Técnico Apoio	3.39	Sala de controlo
				2.4	Lobby	3.4	Espaço do estudante Msc
				2.41	Laboratório de Tecnologia dos Media	3.41	Futuro Expansão
				2.42	Loja	3.42	Computador Área de ensino
				2.43	Loja	3.43	Limpador
				2.44	Cozinha	3.44	Cabina em direto
				2.45	Loja	3.45	Gabinete de Ensino
				2.46	Lobby	3.46	
				2.47	Estudo silencioso 2	3.47	Sala de controlo
				2.48	*Recurso ILS Área*	3.48	
				2.49	Reunião 3	3.49	
				2.5	Reunião 4	3.5	

Nota: Os espaços em itálico não estão incluídos na definição de "sala", mas foram acrescentados para criar um contexto de dados. A identificação "1.05" foi repetida como Ops Mgt/FM Office e Student Union Office; "3.25" foi repetida como Presentation Space e Seminar Area for Video Editing Suite nos desenhos fornecidos.

Locais

Os lugares são subdivisões de uma divisão, ou seja, o "filho" de uma divisão (Mitchell 2005). O lugar, dentro de uma divisão, não é codificado no desenho e no modelo BIM. Os lugares dentro de Este estudo é, no entanto, identificado concetualmente pela colocação de mobiliário, ver desenhos nas Figuras 7 a 15.

Modelo arquitetónico

O modelo BIM gerado é composto por vários elementos de construção que são réplicas/representações electrónicas, tanto na forma como nas dimensões reduzidas, do edifício MediaCityUK acabado.

Elementos de construção

No entanto, é importante que estes elementos de construção, enquanto disciplina designada, estejam em conformidade com as respectivas normas arquitectónicas, estruturais e mecânicas para facilitar o intercâmbio de dados. Isto pode envolver elementos como laje, viga, coluna, parede, janela, porta, rampa e escada.

Compartimentação e zonas de incêndio

As zonas de incêndio são uma consideração importante durante a gestão do processo de relocalização e a gestão do ciclo de vida das instalações. O posicionamento temporário e permanente de mobiliário e equipamento pode comprometer temporária ou permanentemente as medidas passivas de segurança contra incêndios integradas no projeto.

Mobiliário

Os tipos de mobiliário de escritório e a afetação observada nos desenhos fornecidos dão uma ideia de como cada peça de mobiliário é desejável para vários espaços e divisões funcionais. É importante mencionar que os tipos exactos de mobiliário em termos de especificação não estavam disponíveis, pelo que as peças de mobiliário representadas no desenho foram utilizadas como orientação. No modelo BIM, as peças de mobiliário não eram, portanto, réplicas exactas dos desenhos, mas eram geradas como semelhanças próximas em termos de função e dimensões. Alguns dos espaços não estavam mobilados.

Serviços de construção

Não foram fornecidas informações sobre os serviços do edifício, que poderiam ser úteis, mas não são essenciais para atingir o objetivo do estudo.

Elétrico

A informação eléctrica não está incluída no modelo BIM, o que será feito à medida que a informação for disponibilizada. No entanto, espera-se que a consideração das instalações eléctricas no edifício MediaCityUK afecte a potencial colocação de mobiliário. Durante o processo de relocalização, as tomadas de parede e os pontos de iluminação podem restringir ou encorajar a atribuição de mobiliário a alguns "lugares" dentro de uma determinada divisão.

Transporte

O transporte dentro e fora do edifício é um fator importante. As vias de acesso ao edifício a partir da rede rodoviária adjacente podem afetar a eficiência do processo de relocalização. A informação sobre o local não está incluída no modelo BIM; no entanto, os pontos de acesso ao edifício (portas) estão incluídos no modelo.

Capítulo 6

OPINIÕES DOS PERITOS SOBRE BIM PARA FM NO ESTUDO DE CASO MEDIACITYUK

Foram realizadas entrevistas semi-estruturadas com quatro entrevistados para explorar e analisar perspectivas específicas sobre os benefícios do BIM nas FM. Os resultados das entrevistas foram posteriormente analisados e serviram de base para a análise final. Os entrevistados foram selecionados a partir do meio académico e da indústria do ambiente construído, com experiência em gestão de instalações e/ou TI na indústria da construção, o que inclui a aplicação do BIM.

O primeiro entrevistado (A01) pertence ao meio académico e tem uma vasta experiência em gestão de projectos. O segundo entrevistado (A02) também pertence ao sector académico e tem uma vasta experiência em gestão de instalações. O terceiro entrevistado (I01) pertence ao sector da indústria, com uma sólida experiência em informática na indústria da construção. O quarto entrevistado (I02) é também do sector industrial, com uma boa experiência em gestão de instalações. O quinto entrevistado (IA01) é do sector da indústria, mas trabalha atualmente de forma temporária no meio académico. Todos os entrevistados acima referidos têm um conhecimento direto ou remoto do projeto de construção do MediaCityUK, o que constitui um critério de seleção para além das competências individuais.

Entrevista com o Académico Entrevistado 01 (A01)

A gestão das instalações de um edifício começa efetivamente com o processo de mudança para os espaços designados no edifício. O entrevistado A01, ao comentar o processo de mudança, foi rápido a sublinhar que o mesmo núcleo de gestão, que geralmente inclui planeamento, monitorização e controlo, ainda se aplica à gestão do processo de mudança.

De acordo com o entrevistado A01, a natureza única da instituição ocupante, que é uma grande universidade do Reino Unido, exigirá que seja adotado um elevado nível de coordenação e de gestão financeira para reduzir a perturbação das operações e actividades diárias, como o ensino, a investigação e o empreendimento académico. Além disso, devido à natureza interligada de algumas das actividades universitárias, por exemplo, a investigação em colaboração, uma possível separação devido à atribuição de espaço após a mudança poderia comprometer a eficiência da colaboração devido à ausência de proximidade. Consequentemente, A01 afirmou que, para que a mudança e a afetação do espaço sejam eficientes, as pessoas-chave que serão diretamente afectadas pela mudança em termos de afetação do espaço e da necessidade de proximidade funcional devem ser informadas e dispor de um prazo alargado.

A01 chamou igualmente a atenção para a infraestrutura física; a procura de espaços físicos e o potencial da nova atribuição de espaço do MediaCityUK para satisfazer as necessidades de espaço de cada escola/departamento. Para estarem operacionais, algumas escolas poderiam estar habituadas a um espaço muito maior do que o atribuído no novo edifício, o que reduziria a produtividade.

Quando questionado sobre as ferramentas e os métodos utilizados para desempenhar as funções relacionadas com a mudança para as instalações, A01 apresentou uma lista de técnicas e abordagens tradicionais de gestão de projectos que são importantes para a gestão financeira do edifício na fase de mudança. Estas técnicas incluem a sequenciação, as estruturas de repartição do trabalho, a análise do caminho crítico, a análise de rede e os gráficos de barras.

Quando questionado sobre possíveis ferramentas de TI que podem catalisar a execução das técnicas acima referidas, A01 foi rápido a salientar que existem diferentes pacotes de TI para diferentes tarefas de deslocação, o que é importante para o gestor de instalações estar ciente durante a deslocação inicial de mobiliário, equipamento e pessoas para as instalações. A01 enumerou os seguintes aspectos: a) A análise do caminho crítico pode ser realizada utilizando o Microsoft Project, primavera, b) A gestão do risco utilizando a simulação de Monte Carlo, "At Risk", c) A metodologia para o projeto pode ser realizada utilizando o Prince 2 (Projectos em ambiente controlado), d) O diferencial de custos do projeto utilizando a análise do valor n, os sistemas de gestão da informação do projeto PIMS, e) A ligação da gestão do projeto com questões orientadas para os objectos no âmbito de um determinado projeto pode ser realizada utilizando o BIM.

A01 prosseguiu, referindo que, ao adotar software como o BIM, existem pontos de vista contraditórios sobre se se deve optar pela via do software ou pela alternativa tradicional. E quando se toma a decisão de adotar o software, surge a necessidade de capacidade e aptidão para o utilizar. A formação dos utilizadores de um determinado software numa dada organização pode ser dispendiosa e morosa.

Outro problema potencial, de acordo com A01, é o da interoperabilidade. A01 também mencionou as várias percepções do BIM pelos utilizadores; alguns vêem-no no nível um, uma ferramenta básica, enquanto outros o vêem no nível três, um software fortemente integrado e colaborativo que ajuda realmente a racionalizar os processos e a aumentar a eficiência. De acordo com A01, as pessoas que utilizam CAD podem dizer que estão a utilizar parte do BIM, enquanto as que o utilizam a nível estratégico, reunindo as pessoas, podem dizer que é um meio de integrar pessoas que estão localizadas ou espalhadas para as reunir em termos de visualização ou realidade virtual.

Em alguns casos, os arquitectos vêem o BIM como uma parte: o projeto. Os programadores e os gestores de instalações vêem o BIM de forma diferente porque os ajuda na sequenciação e no FM; não estão muito interessados na parte do design. Os gestores de instalações, em particular, vêem o BIM como uma ajuda que lhes permite articular exatamente o que acontecerá após o movimento inicial de equipamento, mobiliário e pessoas para o edifício, utilizando questões como: qual é o verdadeiro ciclo de vida do edifício? Como é que vamos monitorizar a utilização do espaço (questões suaves) e como é que vamos fazer a manutenção (questões difíceis)? Como vamos maximizar a utilização de eletricidade/energia? Com quem é que os gestores de instalações vão falar?

De acordo com A01, o BIM poderia beneficiar as FM, uma vez que a Universidade de Salford tem uma cultura de brincar com os seus espaços, tentando torná-los flexíveis, por exemplo, mudar uma sala de reuniões para um workshop 10 anos mais tarde. No entanto, A01, durante as perguntas finais, mencionou que o BIM tem sido utilizado para abordar todo o ciclo de vida de outros projectos, mas não sabemos como vai ser utilizado neste projeto. Tem um papel, mas depende da interpretação do BIM e do papel dos profissionais.

Entrevista com o Académico Entrevistado 02 (A02)

A02, quando questionado sobre as ferramentas existentes normalmente adoptadas no FM, referiu o Computer Aided FM (CAFM) como a principal ferramenta. Descreveu ainda o CAFM como uma base de dados ligada ao ambiente CAD, que foi revolucionário quando foi lançado há "20 anos". De acordo com A02, o FM está ligado devido à necessidade de saber coisas como o pessoal para preencher o espaço e realizar o planeamento do espaço. Quando questionado sobre a semelhança entre o modelo BIM e o CAFM, A02 referiu que o CAFM existe há muito mais tempo do que o BIM e que o BIM é uma ferramenta de modelação de objectos 3D com bibliotecas de edifícios.

A02 salientou que a relação com o BIM é que continua a existir uma situação em que se tem uma base de dados; o BIMS pode ser acionado através de uma base de dados, por exemplo, uma base de dados estrutural. A única diferença entre CAFM e BIM é que o ambiente CAD se baseia em objectos inteligentes e modelação inteligente. A FM assistida por computador passa possivelmente para o BIM. O BIM faz muito mais num aspeto; é mais sofisticado, mais uma modelação completa num aspeto, mas noutro aspeto é a FM assistida por computador. Segundo A02, o CAFM funciona em ambos os ambientes (2D e 3D) e é por essa razão que o FM assistido por computador tem sido tão popular e que as pessoas que introduzem informações podem preencher a base de dados trabalhando no ambiente CAD. Colocam sistemas de mobiliário, pessoas, zonas funcionais, e isso preenche a base de dados.

Quando lhe perguntaram se a A02 iria propor o CAD FM ou um BIM, sugeriu que, de um ponto de vista prático, o FM assistido por computador é uma ferramenta que está pronta a ser utilizada, não é necessário criar bibliotecas para ela, é adequada ao objetivo. No entanto, nem todas as implementações assistidas por computador foram bem sucedidas, mas na sua essência foram concebidas para fazer o trabalho que é suposto fazerem. A preocupação de A02 com o BIM é o facto de dar uma resposta a um problema que pode não existir. Comentando a interoperabilidade, A02 salientou que o CAFM se baseia em normas derivadas do ambiente CAD, o formato intercambiável AutoCAD.

Quando questionado sobre a peculiaridade do edifício MediaCityUK no que respeita ao FM em comparação com outros edifícios, a resposta de A02 foi "Não", salientando que é típico de muitos escritórios modernos tentar satisfazer requisitos muito diversos e exigências energéticas muito elevadas, 24 horas por dia, 7 dias por semana.

A02 referiu também o seu envolvimento num estudo de caso colaborativo que adoptou o BIM (modelação de objectos). O estudo de caso analisou o terminal norte de Gatwick, o Albert Hall e o Krips Kowlswein, e tínhamos conhecimento de que determinadas empresas estavam a utilizar a modelação 3D para tentar retratar a solução proposta, quer se tratasse de um novo edifício ou da sua remodelação. Muitos dos casos de estudo eram questões de gestão financeira. Assim, embora a tecnologia não tenha sido concebida para ser utilizada por um gestor de finanças, estava a ser utilizada para considerar questões de gestão de finanças, como a segurança, como no caso do terminal norte de Gatwick. A modelação de objectos foi utilizada como uma forma de fazer walkthroughs e visualizações como parte dos workshops dos intervenientes. As questões de segurança foram analisadas durante o estudo de caso. Havia aspectos das equipas de segurança para lidar com as alfândegas e impostos especiais de consumo, segurança interna e externa. A02 considerou a ferramenta muito eficaz como forma de ver e identificar violações de segurança através da visualização dos espaços 3D. Por exemplo, a possibilidade de alguém passar de um espaço nacional para um espaço internacional desalfandegado para um espaço não desalfandegado.

Quando questionado sobre se a utilização de CADFM ou BIM beneficiaria o FM no edifício MediaCityUK, A02 rapidamente referiu que dependeria do investimento de tempo e esforço por parte do gestor de instalações para manter esse modelo vivo e real. Se isso significasse que o FM teria a responsabilidade de preencher o modelo para estar atualizado, a aplicação CADFM ou BIM poderia ser mais um problema do que uma vantagem.

Poderá haver benefícios se não for o gestor das instalações a manter os dados, se estes forem mantidos por um grupo diferente de pessoas ou se houver recursos para o fazer. Há um custo envolvido, por isso é uma questão de saber se o benefício compensa o custo. No entanto, é como um ato de equilíbrio.

Entrevista com o Entrevistado 01 da Indústria (I01)

O entrevistado I01, que está atualmente envolvido na criação de um modelo de realidade virtual do edifício MediaCityUK em colaboração com a Universidade de Salford, comentou amplamente a abordagem adoptada. A recolha de dados de entrada precisos foi obtida junto dos arquitectos e designers diretamente envolvidos no projeto MediaCityUK. Os arquitectos forneceram as alturas estruturais externas e internas, enquanto o projetista forneceu os acabamentos utilizados no edifício. A I01 também contactou o empreiteiro principal e foram extraídas informações sobre as suas realizações previstas. A I01 e a sua equipa utilizaram o 3Dstudiomax (software de visualização 3D não-BIM) para criar o ambiente do modelo e, em seguida, exportaram-no para um motor de jogos para adicionar um elemento em tempo real, de modo a testar e atribuir cores e texturas. No entanto,

I01 salientou que a abordagem de modelação do edifício MediaCityUK foi concebida em função dos objectivos do cliente para a utilização do modelo.

Quando confrontado com o nível de exatidão dos dados de entrada do modelo, numa escala de 1 a 10, I01 situou o nível entre 8 e 9, referindo que existe sempre uma margem de erro humano e que as ferramentas de visualização não são iguais às ferramentas CAD em termos de exatidão. Contudo, I01 salientou também que, durante a recolha de informações, foi fornecida uma planta antiga inexacta de um dos pisos, em que um pilar intersecta uma parede numa zona de entrada de um dos pisos superiores. A I01 admitiu que esse erro poderia ser algo que foi omitido numa fase inicial do projeto e que os arquitectos e projectistas poderiam não o ter retirado de um dos pisos.

Os desenhos 2D recebidos dos arquitectos e designers são vistos em planta antes de serem convertidos para 3D. Isto ajuda a I01 e a equipa a perceberem o que vai para onde e, se não fizer sentido, os arquitectos são questionados. Outro erro observado por I01 e a sua equipa foi a escada que não estava alinhada como pensavam, pois uma das medidas estava errada. Este facto foi questionado e a escada foi alinhada.

Quando questionados sobre as dificuldades previstas durante o exercício de modelação, a resposta foi: 1) o número de iterações que poderiam surgir para corrigir um erro, como uma parede suspensa derivada do plano (impossível na realidade), uma vez que cada parede tem de ser estruturalmente suportada, 2) observações do interveniente e propostas de alterações ou mudanças no modelo de RV (realidade virtual).

As dificuldades foram então resumidas por I01 como múltiplas iterações e mudanças de opinião por parte das partes interessadas. O objetivo do modelo gerado, segundo I01 e a equipa, era o envolvimento da comunidade, para entusiasmar a comunidade local com o desenvolvimento "maciço" do MediaCityUK. Também pode ser utilizado para apresentação a visitantes internacionais e como vídeo promocional da universidade. Devido à sua caraterística interactiva, propõe-se também que seja utilizado como um exercício de resolução de problemas. Quando lhe foi pedido que explicasse a utilização, I01 sublinhou o seu enfoque na comunidade para sensibilizar para a sua contribuição para a comunidade, como a atração de grandes empresas como a BBC e a sua universidade local. Além disso, I01 mencionou a presença de uma praça com um grande ecrã público, um possível ponto de encontro para as pessoas durante grandes eventos como Wimbledon e o Campeonato do Mundo.

Quando questionados sobre a forma como o modelo pode ser útil em termos de utilização do espaço, a resposta foi que alguns dos cenários previstos para essa área podem ser modelados com muitas prensas importantes, podendo ser iteradas várias opções. I01 também referiu que a explicação visual pode ser uma forma muito útil de tentar fazer passar algumas das mensagens. Os elementos visuais podem ser ligados a conjuntos de dados (o que não é o caso atualmente). Com os conjuntos de dados anexados, é possível investigar visualmente uma série de cenários hipotéticos.

De acordo com I01, será desejável que o modelo de RV seja utilizado na gestão de instalações, devido ao tempo e ao esforço que lhe foram dedicados. No entanto, I01 não tem a certeza se eles (as partes interessadas) querem investir tempo, recursos e, em última análise, dinheiro na criação de um backend que responda a algumas questões de gestão de instalações. Respostas que são geradas através da criação de múltiplos cenários, não apenas para profissionais com conhecimentos de terminologia técnica, mas para serem apreciadas por não-profissionais, dizendo "olha, nós criámos estes cenários, aqui estão eles para que os possas ver e imaginar" e fazê-los carregar no "play" e o programa irá percorrer os cenários e dar-lhes uma indicação do que são.

Quando se perguntou se I01 e a sua equipa gostariam que o modelo que geraram fosse integrado no modelo BIM e se esperavam que algumas partes interessadas o utilizassem para melhorar a gestão das instalações, a resposta foi "seria inestimável". I01 prosseguiu salientando o potencial inconveniente financeiro e os possíveis atrasos na resposta ao pedido que envolve o fornecimento de um "backend" (base de dados) para o modelo de RV.

I01 alertou para o facto de o front end ser, em certa medida, um verniz. Embora seja possível representar uma série de cenários, a qualidade da resposta do back end aos problemas é fundamental para a sua utilização na gestão de instalações. I01 prosseguiu referindo que existe também um quadro em que pode ser utilizado para a gestão da informação sobre edifícios. Por exemplo, pode ser possível sobrepor os locais onde se registam danos regulares; pode haver um corrimão que se encosta a um local ou que é arrancado da parede ou um exemplo semelhante, e pode haver um gargalo causado por uma cadeira colocada no final de uma área de descanso que faz com que as pessoas se balancem e alterem o ponto de saída normal. Ao sobrepor esses dados de acidentes, será possível detetar padrões e identificar o problema. I01 concluiu que o modelo de RV em combinação com o modelo BIM será uma ferramenta muito poderosa.

Entrevista com o Entrevistado 02 do sector (I02)

Em resposta à forma como os princípios de FM serão aplicados ao processo de relocalização, a I02 começou por alertar para o facto de a secção universitária do MediaCityUK ser um edifício "universitário" e não um edifício "departamental". Isto foi dito para realçar a natureza inclusiva pretendida da sua utilização. I02 referiu ainda a possibilidade de utilizar outros fornecedores de FM de maior dimensão para cuidar das instalações, uma vez que o edifício alberga outros inquilinos, como a BBC e o senhorio, e que estes necessitarão de uma configuração de FM.

A I02 também abordou a questão do ponto de vista do "serviço", tendo salientado que, uma vez que o edifício MediaCityUK evoluiu a partir do campus principal, a sua manutenção a partir do campus principal será uma tarefa enorme. A I02 também revelou algumas sugestões apresentadas à equipa de gestão de topo, tais como: a segurança, a limpeza, a entrega de correio e outras questões difíceis de

FM estão a ser subcontratadas a uma empresa de FM. As sugestões também incluem que outras questões de gestão financeira, tais como o funcionamento quotidiano, a criação de salas para palestras, a reserva de salas, a preparação de salas para conferências, devem ser tratadas por um gestor de edifícios qualificado.

Quando lhe perguntaram se existiam potenciais particularidades que pudessem afetar o FM do processo de relocalização e o funcionamento do edifício, I02 rapidamente referiu que, para além da logística da relocalização do campus principal, tecnicamente não havia grande diferença. No entanto, I02 salientou a vantagem de um edifício totalmente novo do ponto de vista de FM do edifício MediaCityUK, por oposição ao antigo edifício do campus principal, que exigirá muita manutenção. I02, em resposta às tarefas de FM duras e suaves, voltou a sublinhar que o edifício MediaCityUK tem um senhorio, o que significa que parte das tarefas de FM que estão a ser associadas estão cobertas por um acordo de serviço com o senhorio. I02 foi mais longe e deu exemplos como as responsabilidades de FM do senhorio do edifício MediaCityUK que envolviam; limpeza de janelas exteriores, seguro do edifício. Estas responsabilidades de FM do senhorio reduzem as da Universidade. I02 também salientou que, como resultado, a responsabilidade de FM da Universidade no edifício MediaCityUK será então mais centrada em questões mais suaves, como a restauração, o lado comercial e a utilização (como usamos os espaços), como é reservado. Assim, a responsabilidade geral de FM da Universidade no novo edifício MediaCityUK envolverá menos tarefas do que as que estão atualmente em funcionamento no campus principal. De acordo com I02, "não vamos cortar no edifício MediaCityUK porque isso é uma questão do senhorio". Acrescentou ainda que "a segurança, o aspeto exterior do edifício é uma questão do proprietário, ao passo que no campus principal é uma questão da Universidade". No que respeita à conceção dos espaços (questão não formal), I02 salientou também a abordagem de trabalho flexível da Universidade (hot desking), em que existem grandes espaços abertos/flexíveis em vez de espaços dedicados.

I02 mencionou que estão a ser feitas considerações sobre se o sistema utilizado no campus é alargado ou se deve ser instalado um sistema autónomo no edifício MediaCityUK; de acordo com I02, essa questão ainda não foi resolvida no momento da redação deste livro. A avaliação atual sobre a questão é saber se é prático em termos de localização. Um exemplo pode ser um cenário em que uma pessoa quer reservar um quarto. Estaria essa pessoa preparada para se deslocar ao edifício MediaCityUK, tendo em conta o tempo de deslocação, a dificuldade de acesso, o estacionamento e o acesso?

Segundo a I02, não se trata de ter um software que permita efetuar tarefas de reserva se nunca ninguém vai reservar os espaços em questão. Segundo I02, é essa a parte que está a ser avaliada (no momento da redação deste livro). Se houver reserva de espaços, o sistema do campus principal pode ser alargado, caso contrário, o sistema pode ser operado de forma autónoma. De acordo com I02, estas são as avaliações que estão a ser feitas e, depois disso, vem o pacote de software. I02 revelou também que está atualmente a ser utilizado no campus principal um pacote de software chamado CAFM, que regista os pedidos do FM para coisas que precisam de ser reparadas.

Quando questionado sobre os benefícios do BIM no FM, I02 admitiu que, apesar de o entrevistado (I02) não ter testemunhado a utilização do BIM no FM, este terá benefícios para o FM. No entanto, I02 foi rápido a salientar que o benefício do BIM em FM está intimamente ligado à forma como o modelo BIM é preenchido. I02 foi mais longe e disse que o objetivo do modelo BIM deve ser claramente definido para a pessoa a quem foi pedido que o preenchesse e que o gestor de instalações tem definitivamente de ser claro quanto ao que pretende que o modelo BIM diga enquanto ferramenta de gestão de instalações, para garantir que cumpre essa parte do projeto.

I02 também alertou para o facto de haver um momento em que não é economicamente viável colocar um projeto em BIM porque custa mais do que o projeto, mas pode ser economicamente viável para projectos maiores. Referiu ainda que a utilização do BIM pode não só trazer benefícios de manutenção do edifício, mas também permitir que os utilizadores se desloquem pelo modelo.

Entrevista com o Entrevistado 01 da Indústria/Academia (IA01)

De acordo com a IA01, a abordagem adoptada pelas partes interessadas do edifício MediaCityUK da Universidade de Salford é "...fazer as coisas de forma diferente", diferente da forma como o campus principal da Universidade desempenha as funções de FM. A IA01 salientou que o edifício MediaCityUK é parcialmente propriedade da Universidade de Salford como um dos inquilinos. Como resultado, os proprietários têm legalmente certas responsabilidades de FM para as questões difíceis que incluem o tecido exterior do edifício, elevadores, plantas que servem a área geral.

De acordo com a IA01, a Universidade de Salford ficou com os primeiros quatro andares, mas por detrás existe um bloco de torres e os dois edifícios são integrados, pelo que, de facto, existe uma situação de arrendamento conjunto. Os proprietários, que incluem o representante da Universidade de Salford, estão a elaborar o registo do hard FM e das instalações que irão cuidar. A IA01 também mencionou que os proprietários das instalações estão a tentar desenvolver uma proposta de serviço para prestar assistência a determinados elementos dentro e fora do edifício.

A IA01 sugere a possibilidade de subcontratar o FM de áreas-chave como a reserva de salas fora do horário de funcionamento. Isto porque o atual campus tem um horário de trabalho das 9h00 às 17h00 e das 18h00 às 18h00; espera-se que o MediaCityUK esteja operacional muito para além desse horário. IA01 também mencionou que, no momento da redação deste relatório, a secção de FM da Universidade responsável pelo edifício MediaCityUK está a passar por um processo de conceção do serviço e de conceção da especificação do serviço. O projeto de especificação do serviço será depois entregue a uma empresa de FM através de um processo de concurso.

Algumas das tarefas que constituem os critérios para a especificação do serviço são a segurança, o serviço de catering na receção e o potencial de reserva de salas, a limpeza das janelas e do chão, bem como a horticultura do edifício e algum equipamento de estúdio de alta qualidade que necessita de manutenção e cuidados. A IA01 referiu ainda que, devido à natureza experimental do modelo de funcionamento proposto para o MediaCityUK FM, o modelo adotado para o atual campus não será provavelmente alargado nem adotado por enquanto. Além disso, se o modelo proposto se revelar inviável do ponto de vista operacional, comercial e ético, os processos existentes no atual campus poderão ser retomados. Devido ao conceito inicial de conceção do edifício MediaCityUK ... edifício de escritórios, existe um armazenamento muito limitado com capacidade para armazenar materiais de FM suaves. Isto implicará o transporte de meia em meia hora a partir do campus principal, o que pode ser muito dispendioso.

O modelo de gestão de pessoal proposto pode envolver a colaboração com empresas de gestão de pessoal que se ocupem do armazenamento da BBC, uma vez que estas empresas dispõem do sistema no mesmo edifício para o efeito. Quando questionada sobre se existiam algumas particularidades de FM no edifício MediaCityUK em comparação com o campus principal, a IA01 referiu que a opinião da equipa imobiliária do campus principal era que o modelo de subcontratação deveria ser experimentado, uma vez que proporcionaria uma plataforma de aprendizagem para novas formas de melhorar a eficiência.

A vantagem potencial é que, se todos os inquilinos do MediaCityUK trabalharem em conjunto, devem aprender a partilhar as suas instalações e a coexistir, o que pode impulsionar o sucesso da instalação.

As diferentes tarefas de FM suave a realizar pela Universidade serão divididas, no âmbito da especificação de serviços, em pormenores ao nível da linha, gerando um catálogo de especificações de serviços.

De acordo com a AI10, a Universidade não tem as suas próprias intenções em matéria de TI, mas está disposta a adotar os sistemas de TI que as empresas de FM trazem. No que respeita à reserva de quartos, a Universidade não recorrerá a um fornecedor, uma vez que dispõe de um sistema de reserva de quartos. Durante o horário letivo, o departamento de serviços aos estudantes irá geri-lo, fora desse horário, a empresa de FM irá geri-lo; embora estejam a ser feitos esforços para o tornar um self-service. IA01 referiu que o conceito de escritório em plano aberto será adotado para o edifício MediaCityUK.

Capítulo 7

ANÁLISE DA UTILIZAÇÃO DO BIM PARA OS DEVERES DO FM NO PROCESSO MEDIACITYUK

A conclusão deste livro procura analisar o modelo BIM do MediaCityUK, comparando-o com as tarefas necessárias para programar a deslocalização da Universidade de Salford para o MediaCityUK, identificadas a partir da literatura e de estudos de caso. O modelo BIM revelou um carácter de zonamento que se reflectiu no rés do chão e no primeiro andar. O eixo central este/oeste na vista de planta foi reforçado com os espaços funcionais dos estúdios (espaço ID G.28, G.30, G.29 que foram designados estúdio de TV B, loja de estúdio de TV e estúdio de TV A, respetivamente [Ver Quadro 4 e Figuras 7 a 15]) e a norte os espaços de estar e uma área de plano aberto a sul. Os estúdios foram projectados com volumes duplos que se prolongam até ao primeiro andar. A extensão do volume duplo e a função de estúdio destes espaços sugere a existência de equipamento/mobiliário de estúdio leve/pesado, o que foi corroborado pelos entrevistados I01 e IA01, o que poderá afetar a programação de FM, uma vez que o acesso aos G.28 e G.29 passa pelos G.27 e G.30, que são espaços funcionais por si só.

Os principais acessos ao edifício foram limitados aos lados leste, oeste e norte do rés do chão, o que se torna um fator chave ao programar a movimentação de mobiliário para a área de plano aberto. No entanto, o modelo BIM revelou que a área de plano aberto pode ser preenchida, mas cada item deve ser desmontado até à dimensão mínima da porta para caber nas portas duplas de acesso primário e secundário. Áreas como a secção nordeste do rés do chão do modelo BIM, que é uma área aberta com o laboratório de vida G.18 e a exposição G.10, têm uma altura que se estende até ao primeiro andar, assemelhando-se a um mezanino e a uma ponte pedonal do mezanino para o eixo este/oeste do edifício. Esta área exigirá uma programação precisa para ser preenchida com mobiliário e um bom conhecimento dos pontos eléctricos é crucial, uma vez que se espera um aumento do tráfego humano neste espaço.

No segundo e terceiro pisos, a densidade de distribuição de mobiliário do modelo BIM baseado em desenhos era significativamente superior à do rés do chão e do primeiro piso. Este facto sugere uma quantidade significativa de transporte vertical. O modelo BIM pode ser útil para estabelecer objectivos de mudança, determinar a logística da mudança e o caminho crítico e fornecer informações para ajudar na preparação do plano de tempo.

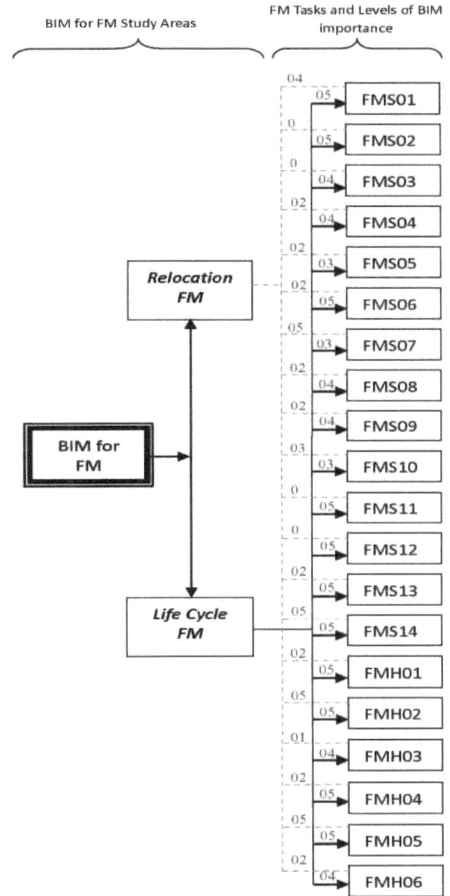

LEGENDA		
Ligação insignificante	Benefícios insignificantes do BIM para a tarefa de FM em causa.	0
Elo muito fraco	Benefícios muito fracos do BIM para o FM em causa.	02
Elo fraco	Benefícios fracos do BIM para o FM em causa.	03
Ligação forte	Fortes benefícios do BIM para o FM em causa.	04

| Ligação muito forte | Benefícios muito fortes do BIM para o FM em causa. | 05 |

Figura 22: Modelo de resultados do estudo sobre a utilização do BIM para FM, mostrando os níveis de

relevância/benefícios e relações

Os contributos do BIM para as operações de manutenção de FM e para a gestão de espaços foram ainda analisados sistematicamente com base nas informações BIM. Primeiro, foi gerado um modelo hipotético e foi efectuada uma comparação entre o modelo hipotético da importância do BIM e o modelo gerado após o estudo de caso com uma estrutura semelhante (modelo de resultados do estudo). Esta comparação teve como objetivo testar o modelo hipotético da Figura 5 com o modelo de resultados do estudo da Figura 22.

Relocalização e ciclo de vida operacional do edifício FM

	Contribuição do modelo BIM em FM	
Questões de soft FM *necessárias para a relocalização e funcionamento do MediaCityUK*	*Deslocalização FM*	*Ciclo de vida operacional FM*
i) **FMS01:** Gestão do espaço de escritórios: Auditoria da utilização do espaço, remodelação do espaço. Trabalho flexível e gestão contínua da utilização do espaço.	A capacidade do BIM como estrutura para armazenar e recuperar informações utilizadas na construção traz a vantagem adicional da gestão de informações espaciais durante o processo de relocalização. Isto é conseguido através da capacidade do modelo BIM de transmitir informações espaciais em 2D e 3D. A imagem imersiva 3D, por si só, resultará num valor FM limitado do modelo, o que foi corroborado pelo entrevistado I01. No entanto, a presença da base de dados (backend) anexada à imagem não só permitirá uma apreciação visual da função designada de cada espaço, como também ajudará a identificar o espaço utilizando percursos fortificados com dados, o que pode resultar numa colocação de mobiliário mais eficiente e fornecer a informação paramétrica necessária para a tomada de decisões de gestão financeira no local durante a deslocalização, como a segurança.	Durante o ciclo de vida operacional do edifício, a questão crucial no que respeita à gestão do espaço passa a ser o modelo de utilização do espaço. O modelo de utilização do espaço adotado/experimental para o MediaCityUK pela Universidade, de acordo com o entrevistado IA01, é o de um plano aberto e flexível, em que a interação ativa e passiva é encorajada e a reclusão desencorajada. Como tal, será necessário que a experimentação espacial acima referida durante o ciclo operacional do edifício seja monitorizada para determinar o seu impacto no edifício e nos ocupantes. Nas circunstâncias acima referidas, os parâmetros a observar são os seguintes: i) Planeamento do espaço (funções espaciais e relação de um espaço com outro); Pode uma função ser realizada de forma eficiente com os utilizadores a terem acesso a espaços adjacentes relevantes sem reduzir a produtividade? O BIM pode fornecer informações relevantes para os parâmetros acima referidos, desde que as informações necessárias não incluam a simulação da circulação dos utilizadores. O segundo parâmetro ii) Preparação do espaço, que envolve a criação de salas para palestras, reserva de salas, preparação de salas para conferências, pode ser melhorado através da aplicação das capacidades de programação do BIM. O terceiro iii) Avaliação espacial para verificar aspectos como a colocação e posição do mobiliário através de iterações. Durante o período de funcionamento de um edifício, pode ser necessário proceder à reorganização e substituição do mobiliário. O modelo BIM, com uma base de dados de informação bem gerida, pode fornecer informações sobre o número e os tipos de mobiliário, se e quando devem ser substituídos.

ii) **FMS02:** Limpeza	Durante o processo de relocalização, prevê-se que o volume de trabalho de limpeza seja mínimo, devido ao estatuto de nova construção do MediaCityUK. Nesta circunstância, com base no pressuposto acima referido, o BIM não terá grande utilidade.	No entanto, durante a vida operacional do edifício, todo o tecido do edifício necessitará de manutenção. As portas, as janelas, os pavimentos, etc., necessitarão de ser limpos de vez em quando. O modelo BIM, sendo um protótipo do edifício real com dados fortificados, terá a vantagem de mostrar os elementos do edifício que necessitam de limpeza. Os dados associados a cada elemento fornecerão informações sobre o estado de limpeza e a especificação de limpeza do fabricante.
iii) **FMS03:** Restauração	Durante o processo de relocalização, presume-se que haverá poucas ou nenhumas pessoas a utilizar as instalações, pelo que não haverá necessidade de restauração. A restauração prevista as actividades são actividades de restauração em pequena escala, organizadas pelo próprio os fornecedores/subcontratantes que efectuam os trabalhos de relocalização.	Utilizando o MediaCityUK como exemplo, I02 (entrevistado), em resposta a uma pergunta da entrevista, salientou que, uma vez que o edifício MediaCityUK evoluiu a partir do campus principal, a sua manutenção a partir do campus principal será uma tarefa enorme. No estudo da SOH, observou-se que o BIM maximiza "a eficiência e a eficácia na forma como a SOH efectua as compras, evitando compras desnecessárias. No que diz respeito à restauração, isto também se pode aplicar ao edifício MediaCityUK, reduzindo a enormidade da tarefa envolvida e monitorizando o processo de restauração.
iv) **FMS04:** Eliminação e reciclagem de resíduos	Prevê-se a eliminação de resíduos durante o processo de relocalização, uma vez que se prevê a produção de uma quantidade significativa de resíduos a partir do campus principal aquando da deslocação de mobiliário, documentos, etc. O modelo BIM não será capaz de captar os potenciais resíduos gerados a partir do campus principal durante a relocalização. No entanto, devido à capacidade do BIM para mostrar relações espaciais, a quantidade aproximada de resíduos por espaço funcional, sala ou local, do campus principal pode ser imputada no modelo BIM como informação/notas da sala, o que pode então dar uma ideia da dimensão e localização dos resíduos. O constrangimento é que o modelo BIM do campus principal terá de ser gerado, o que não é rentável.	No entanto, durante o ciclo de vida do edifício, o tipo de resíduos envolverá resíduos mais pequenos ao longo de um período de tempo. O modelo BIM pode garantir que a eliminação de resíduos será coordenada entre departamentos, sempre que possível, a fim de melhorar a eficiência; devidamente planeada e calendarizada de modo a reduzir o tempo de eliminação de resíduos. Isto pode ser conseguido imputando à base de dados BIM os resíduos médios esperados por espaço funcional, divisão ou local, tal como visualizados na interface BIM. Estes valores podem ser calculados ao longo de um período de tempo, o que ajuda a monitorizar a eliminação de resíduos.

v) **FMS05:** Receção	Durante o estudo de caso, foram poucas as referências à receção, para além do seu espaço funcional no modelo BIM do MediaCityUK. No entanto, como as funções dos recepcionistas envolvem visitantes, e durante o processo de relocalização, os visitantes são frequentemente mantidos fora do local por razões de saúde e segurança, daí a pouca ou nenhuma necessidade de aplicação do BIM.	Quando o edifício estiver totalmente operacional, a receção torna-se uma interface estratégica entre os visitantes e os utilizadores, o que implica um aumento do volume de trabalho da receção. De acordo com a literatura, as funções profissionais de um rececionista podem incluir responder às perguntas dos visitantes sobre uma empresa e os seus produtos ou serviços, encaminhar os visitantes para os seus destinos, separar e distribuir o correio, atender chamadas recebidas em telefones com várias linhas ou numa central telefónica, marcar compromissos, arquivar, manter registos, digitar/entrar dados. A lista de funções acima mencionada implica o armazenamento de dados de comunicação e um bom conhecimento em tempo real dos espaços do edifício e das suas funções actualizadas. O modelo BIM, sendo um protótipo do edifício com conjuntos de dados para cada espaço, constituirá uma ferramenta estratégica para o rececionista aumentar a eficiência funcional.
vi) **FMS06:** Segurança	A segurança durante a mudança será mais centrada nas actividades relacionadas com a mudança. Esta forma de segurança incluirá a proteção equipamentos e bens presentes durante o A relocalização do edifício é mais importante do que o equipamento operacional e o pessoal, uma vez que não se espera que o edifício volte a funcionar. Espera-se que o modelo BIM, como resultado, seja de pouca utilidade.	Durante a vida operacional do edifício, quando há plena ocupação e funcionamento dos espaços, a carga de trabalho de segurança do edifício é aumentada e por um período de tempo prolongado. Nestas circunstâncias, de acordo com A02, o BIM torna-se uma ferramenta muito eficaz e proporciona uma forma de ver e identificar violações de segurança através da visualização dos espaços em 3D. Por exemplo, a possibilidade de alguém entrar em zonas restritas sem autorização, etc.
vii) **FMS07:** TI/Central telefónica	Durante o processo de relocalização, o modelo BIM deve ter um valor significativo. Nas instalações de TI, o modelo contém informações valiosas sobre cada espaço: tomadas eléctricas, pontos de telecomunicações, ajuda a facilitar a relocalização e a identificação dos tipos de espaço. Também são disponibilizadas as funções dentro desses espaços identificados e, potencialmente, as portas de telecomunicações disponíveis. Processo de instalação de TI.	Quando estiver operacional, a tarefa do FM de gestão das TI/painéis de distribuição deverá exigir menos trabalho, exceto no caso de grandes trabalhos de manutenção. Nestas circunstâncias, o benefício do BIM diminui.

As soft tasks de FM listadas abaixo (viii a xiv) são de gestão intensiva, pelo que a sua importância durante a fase de relocalização será muito provavelmente limitada, uma vez que a gestão da operação do edifício pode não ter começado completamente.

viii) **FMS08:** Calcular e comparar os custos dos bens ou serviços necessários para obter a melhor relação qualidade/preço	Durante o processo inicial de mudança, a maior parte desta tarefa para o gestor de FM seria provavelmente abrangida pela gestão de projectos de relocalização (PM). No entanto, o BIM pode ser utilizado para identificar quais os bens ou serviços necessários do seu inventário pelo gestor de FM.	Quando o edifício estiver operacional, o BIM pode ser utilizado para fornecer informações exactas sobre o inventário de bens e serviços, quando preenchido regularmente. No entanto, para obter o máximo benefício no cálculo e comparação dos custos dos bens ou serviços necessários, o BIM terá de ser utilizado juntamente com software de cálculo.
ix) **FMS09:** Gerir e liderar a mudança para garantir o mínimo de perturbação das actividades principais	As actividades principais do edifício são esperadas durante a fase do ciclo de vida operacional. Durante a fase inicial de mudança, as actividades que estarão em curso são as que envolvem a deslocação do equipamento e do pessoal.	A partir da entrevista com IA01, a estratégia de utilização do espaço em plano aberto adoptada para o edifício MediaCityUK foi experimental. O pressuposto é que existe a possibilidade de alterar a utilização do espaço. Este pressuposto foi corroborado pelo entrevistado A01, que sugere um número razoável de alterações durante o ciclo de vida do edifício. Nestas circunstâncias, a necessidade de gerir eficazmente a mudança torna-se crucial. O BIM pode proporcionar uma visão única, coerente e actualizada de todos os aspectos da instalação, tal como ilustrado no estudo BIM, pelo que pode ser utilizado para fornecer informações vitais que podem ajudar a evitar conflitos na operação durante a mudança. Também durante o exercício de mudança, a informação visual é crucial para ajudar a racionalizar o tráfego de pessoas e equipamentos, eliminando assim a confusão.
x) **FMS10:** Ligação com inquilinos de imóveis comerciais	A ligação com os inquilinos pode ser feita antes, durante ou após a relocalização, como corroborado pelo entrevistado IA01. O modelo BIM pode não desempenhar um papel direto durante a ligação, mas pode fornecer informações valiosas, que podem orientar o processo.	A mesma relevância do BIM durante o processo de relocalização aplica-se ao ciclo de vida operacional do edifício.
xi) **FMS11:** Coordenar e dirigir uma equipa ou equipas de pessoal para cobrir várias áreas de responsabilidade	O modelo BIM, com a sua riqueza de informação paramétrica e espacial, pode ajudar a identificar espaços, divisões e locais funcionais. No entanto, isto não será muito importante durante a relocalização, em comparação com o período do ciclo de vida, uma vez que o edifício não estará operacional nessa altura.	Quando há um número significativo de membros do pessoal, o modelo BIM pode fornecer informações sobre os espaços, o tecido e as quantidades do edifício, mas não será capaz de gerar qualquer forma de gráficos de fluxo de trabalho. No entanto, em combinação com uma ferramenta de software que pode executar este último, o BIM proporcionará benefícios tangíveis.

xii) FMS12: Utilização de técnicas de gestão do desempenho para monitorizar& demonstrar a realização dos serviços acordados e liderar a melhoria	Para controlar o cumprimento dos níveis de serviço, o edifício tem de estar operacional. Durante a fase de relocalização, parte-se do princípio de que não é esse o caso. Consequentemente, espera-se que a relevância do BIM nesta fase, no âmbito deste critério, seja mínima.	Aplicação da gestão do desempenho As técnicas para monitorizar e demonstrar o cumprimento dos níveis de serviço acordados envolverão pessoal e informações sobre o edifício. O modelo BIM não é capaz de simular as técnicas e os objectivos estabelecidos. No entanto, o modelo BIM, através da sua rica base de dados e capacidades de visualização, pode fornecer informações que ajudarão a tornar os objectivos mais claros e a tornar óbvias as áreas que necessitam de melhorias.
xiii) FMS13: Responder adequadamente a emergências ou questões urgentes à medida que estas surgem	As emergências podem assumir várias formas e os problemas variam. Para realçar os potenciais benefícios do BIM, os tipos de emergência e a natureza dos problemas têm de ser claros. Durante o processo de relocalização, as emergências que ocorrem tendem a ser abrangidas pela gestão do projeto de relocalização.	No entanto, durante a fase operacional do edifício, a gestão de emergências que envolvam danos no edifício pode ser melhorada através da utilização do BIM. De acordo com a norma I01, pode ser possível sobrepor os locais onde se verificam danos regulares; pode haver um corrimão que se encosta a um local ou que é arrancado da parede ou uma situação semelhante. Nestas circunstâncias ou em circunstâncias semelhantes, o modelo BIM pode fornecer informações sobre o tipo de dano e a localização do dano. Em caso de emergência de incêndio, o modelo BIM 3D pode identificar rapidamente todas as saídas de incêndio e áreas de refúgio disponíveis, que podem ser utilizadas para informar e orientar os ocupantes para uma saída segura. No entanto, se a emergência for médica, o modelo BIM limita-se a fornecer informações que se limitam ao edifício, como a localização das instalações médicas/de primeiros socorros, o acesso mais próximo para a ambulância e não a natureza do problema de saúde.
xiv) FMS14: Dirigir e planear os serviços centrais essenciais, como a receção, a segurança, a manutenção, o correio, o arquivo, a limpeza, a restauração, a eliminação de resíduos e a reciclagem	A este nível, a direção e o planeamento dos serviços centrais essenciais enumerados são puramente de gestão e podem ter lugar antes, durante ou após o processo de relocalização. Embora a atividade possa ter lugar em ambos os lados do processo de relocalização, visa a fase operacional do edifício. Assim, é considerada na coluna do ciclo de vida.	De acordo com A02 e corroborado pelo estudo SOH, a importância do modelo BIM na orientação e planeamento dos serviços centrais essenciais dependeria do investimento de tempo e esforço por parte do gestor das instalações para manter esse modelo vivo e real. Se for esse o caso, a orientação e o planeamento das tarefas simples e complexas beneficiarão significativamente do BIM. Por outro lado, a A02 também manifestou algum receio de que, se isso significasse que a FM, que pode ter outras responsabilidades, teria de preencher o modelo para estar actualizada, a aplicação BIM poderia ser mais um problema do que uma vantagem.

Questões de hard FM necessárias para a	*Contribuição do modelo BIM em FM*

relocalização e funcionamento do MediaCityUK	*Deslocalização FM*	*Ciclo de vida operacional FM*
xv) **FMH01:** Manutenção de sistemas de energia normal (subestações eléctricas) e energia de emergência	Prevê-se que a manutenção dos sistemas eléctricos do edifício MediaCityUK durante o processo de relocalização seja assegurada pelo senhorio do imóvel, de acordo com I02 e IA01. Com esta disposição em vigor, a necessidade de manutenção dos sistemas de energia durante a relocalização será limitada aos sistemas de energia diretamente envolvidos no processo, fornecidos pelos seguintes prestadores de serviços: contratantes, subcontratantes e fornecedores. A utilização de um modelo BIM será deixada ao critério dos prestadores de serviços de deslocalização. Quando esses sistemas de energia não são armazenados numa estrutura fixa e numa base temporária, será difícil obter muitos benefícios de um modelo BIM.	Ao considerar a manutenção dos sistemas de energia dentro do edifício, I02 destacou a vantagem de um edifício totalmente novo do ponto de vista de FM do edifício MediaCityUK, em oposição ao antigo edifício do campus principal, que exigirá muita manutenção. Isto baseia-se no pressuposto de que, como o edifício é novo, os sistemas de energia também são novos. O modelo BIM, neste caso, dependerá do que foi modelado. Se apenas o modelo BIM tiver sido produzido, então estaremos a falar sobre como a sala ou local do edifício que alberga o equipamento pode ser identificado, acedido e observado. Isto também pode incluir a identificação das posições das unidades de iluminação de emergência e o acesso ao seu registo de manutenção a partir do programa BIM.
xvi) **FMH02:** Manutenção do sistema de automatização dos edifícios (BAS), segurança e fechaduras	Durante a mudança, é importante garantir que as fechaduras funcionam corretamente e que as que não funcionam são substituídas. Esta importância é sublinhada pela deslocação de móveis e equipamentos que podem ser vulneráveis a roubos. O modelo BIM tem um calendário que contém a descrição, a localização, o número e o estado de cada fechadura do edifício. Esta informação permitirá ao pessoal de FM identificar com exatidão a descrição, a localização, estado/manual das fechaduras defeituosas e encomendar uma substituição rápida. Esta abordagem pode ser aplicada a outros componentes de segurança do edifício.	A mesma abordagem aplicada durante a relocalização pode ser alargada ao ciclo de vida operacional do edifício.

xvii) **FMH03:** Manutenção de Sistemas de aspersão, sistemas de deteção de fumo/fogo e extintores de incêndio, sinalização e planos de evacuação	Não se prevê que a manutenção dos sistemas de aspersão seja muito considerada durante a relocalização, pelo que a relevância do BIM para esta função é reduzida ou nula nesta fase.	A descrição do local, a localização, o estado dos sistemas de sprinklers, dos sistemas de deteção de fumo/fogo e dos extintores e a sinalização podem ser imputados no modelo BIM. Nestas circunstâncias, torna-se mais fácil para o pessoal de FM identificar a localização de sistemas de sprinklers defeituosos. Durante a entrevista, I02 referiu que um sistema de software CAFM permite que os utilizadores comuniquem a existência de equipamento defeituoso; quando tal acontece, é possível obter rapidamente mais informações e a localização do equipamento a partir do modelo BIM e tomar medidas. Os dados espaciais do modelo BIM fornecerão um sistema de informação visual e numérica inestimável que pode ajudar a decidir onde colocar os extintores e a sinalética.
xviii) **FMH04:** Manutenção de Engenharia mecânica e engenharia (engenharia M&E)	Tal como no caso do FMH01, não se prevê que a manutenção dos aspectos mecânicos e de engenharia do edifício seja objeto de grande atenção durante o processo de relocalização. Isto porque, de acordo com I02 e IA01, essa manutenção será efectuada pelo senhorio. Se, durante a relocalização, houver necessidade de manutenção, esta será abrangida pela abordagem de manutenção do edifício quando em funcionamento.	A manutenção da M&E durante a fase do ciclo de vida operacional do edifício pode ser efectuada sem um modelo BIM. No entanto, quando existe um modelo em que os componentes M&E foram reproduzidos e as informações de cada componente foram armazenadas na base de dados do modelo principal, torna-se mais rápido responder às falhas que possam surgir. Por exemplo, se houver um cano rebentado no edifício MediaCityUK, a consulta do modelo para obter informações sobre o cano rebentado e a avaliação visual da forma como o cano rebentado afectará outras canalizações e o resto do edifício torna-se um forte facilitador da resposta adequada. O modelo BIM também pode fornecer informações semelhantes para o sistema elétrico; no entanto, isto depende da forma como o modelo é preenchido.

xix) **FMH05:** Manutenção de janelas e portas	No caso de uma janela ou porta partida durante o processo de relocalização, o programa de janelas e portas do modelo BIM pode ser utilizado para identificar a localização do componente partido no contexto do edifício e no tipo de componente. A extensão dos danos pode ser armazenada na base de dados do modelo BIM em relação à sua réplica do modelo. As informações sobre o historial do componente recuperadas do BIM e os danos detectados podem ajudar a decidir se a solução é repará-lo ou solicitar uma substituição. Além disso, a base de dados do modelo BIM pode criar registos de reparações e substituições de janelas/portas que podem ajudar a identificar padrões, tornando assim necessário continuar com um fabricante ou procurar outro.	À semelhança da tarefa FMH02, a manutenção das portas e janelas em termos de danos pode ocorrer durante o exercício de relocalização, bem como nas fases do ciclo de vida operacional. Consequentemente, a abordagem de manutenção para a fase de relocalização pode ser alargada à fase de ciclo de vida operacional.
xx) **FMH06:** Verificar se o trabalho acordado pelo pessoal ou pelos contratantes foi concluído de forma satisfatória e dar seguimento a quaisquer deficiências	Durante o processo de relocalização, esta tarefa insere-se no âmbito da gestão de projectos do processo de mudança, no qual o gestor de instalações deve estar envolvido. No entanto, durante a vida operacional do edifício, torna-se exclusivamente uma tarefa de gestão financeira.	A avaliação da conclusão satisfatória dos trabalhos efectuados pelo pessoal ou pelo empreiteiro durante a vida operacional do MediaCityUK só pode ser valorizada pelo BIM. Tal depende do tipo de obras em causa e do local onde foram efectuadas. Se as obras envolverem o tecido do edifício, o BIM Msaccurate A representação geométrica das partes de um edifício num ambiente de dados integrado pode fornecer informações úteis para comparar e avaliar a obra concluída.

DEBATES SOBRE BIM E FM E CONCLUSÕES

O edifício MediaCityUK, sendo um empreendimento emblemático, constituirá uma atração para a população de Salford e não só. A presença de organizações importantes, como a BBC e a Universidade de Salford, já cria um perfil de inquilino que exige uma gestão em termos do impacto social na comunidade local e do impacto físico nas instalações, bem como da saúde e segurança dos trabalhadores e ocupantes. O processo inicial de mudança e a subsequente ocupação do edifício ao longo do tempo estão sujeitos à gestão de instalações da FM. Para atingir o objetivo de poupança de tempo e de custos, de mudança e funcionamento eficientes das instalações, foram explorados os potenciais benefícios do BIM em cada faceta da operação, caso existam, e em que medida. Após o teste do modelo hipotético, registaram-se alterações no modelo de estudo nas várias tarefas em comparação com o modelo hipotético.

O primeiro objetivo deste estudo consistiu em identificar os elementos necessários para programar a transferência da Universidade de Salford para o MediaCityUK utilizando o BIM. Esses elementos foram identificados como desafios na secção 2.1.1. No entanto, verificou-se que as suas ligações diretas com o BIM variam de nenhuma (0) a muito forte. A partir do modelo de teste, os itens/tarefas que se espera que tenham um nível de eficiência aumentado com a utilização do BIM, corroborados pelo modelo de teste, são: a) Estabelecer objectivos. Os objectivos de todo o projeto de relocalização, qualquer que ele seja, têm de estar intimamente ligados ao carácter do edifício MediaCityUK e incluirão poupanças de custos e de tempo. Entrevistado A01 e corroborado por AI01, o modelo de utilização do espaço do edifício MediaCityUK pela Universidade é o de uma abordagem de hot-desking em plano aberto, que faz parte dos desafios de FM.

O atributo "walkthrough" do modelo BIM ajudará o gestor de instalações a efetuar uma visita virtual ao edifício para avaliar visualmente as principais considerações durante a mudança inicial para o edifício, que fará parte da tarefa de gestão financeira. Além disso, o modelo BIM, para além da sua capacidade de quantificação e programação, ajudará a estabelecer objectivos de custo e tempo. b) Ligeiramente semelhante à secção posterior de "a", envolve o desenvolvimento e a confirmação do orçamento. O atributo de quantificação e programação precisa dos modelos BIM fornecerá informações pormenorizadas sobre o número e os tipos de mobiliário a deslocar e outras considerações de tomada de decisões com custos elevados, tais como estruturas de repartição do trabalho, análise do caminho crítico e execução. c) Preparação da matriz de responsabilidades. Para delinear as responsabilidades, é necessário definir informações completas sobre o trabalho a efetuar. O modelo BIM, enquanto protótipo do edifício real, fornecerá informações sobre o equipamento, mobiliário, vias de acesso no interior do edifício, sistemas de segurança, etc., que permitirão a execução virtual do projeto, pelo que pode ser preparada uma matriz de responsabilidades antes da execução real do projeto de relocalização. Os detalhes dos itens de FM podem ser encontrados na secção 2.1.1 e a representação gráfica mostrando os níveis de relevância do BIM na figura 4.2.

De acordo com a literatura disponível, o planeamento do tempo na gestão de projectos depende dos conhecimentos especializados do gestor de projectos. Esses conhecimentos dependem invariavelmente do nível de desempenho esperado pelos clientes, do custo/financiamento disponível do projeto e do âmbito do projeto. A utilidade do modelo BIM nestas circunstâncias estará ligada à determinação exacta do âmbito do projeto e à ilustração do nível de desempenho esperado. A capacidade do modelo BIM para fornecer um protótipo virtual do projeto concluído permite que as partes interessadas ou o cliente determinem o nível de desempenho desejado e/ou o âmbito do projeto. O custo do nível de desempenho e do âmbito determinados para o projeto também pode ser reproduzido em tempo real pelo BIM, com a introdução de quantidades adequadas, o que ajudará a parte interessada a equilibrar o nível de desempenho e o âmbito desejados com os fundos disponíveis para o projeto. No entanto, neste contexto de poupança de tempo, o custo ultrapassa os limites da capacidade do modelo BIM, porque o que afecta significativamente a poupança de tempo é mais a disponibilidade de financiamento para o projeto do que a determinação do custo.

A utilização do BIM para as operações de manutenção do edifício MediaCityUK dependerá muito da forma como o modelo é preenchido, da informação disponível sobre questões eléctricas, de M&E e de maquinaria/equipamento no modelo e da forma como esta informação no modelo é mantida ao longo do tempo. Se for esse o caso, o modelo BIM servirá como uma réplica virtual do edifício com informações valiosas sobre o historial de manutenção de cada componente do edifício. No caso de um problema de manutenção, por exemplo, no sistema de canalização, o modelo BIM pode fornecer informações visuais sobre a localização do equipamento, a forma como este se relaciona com outros equipamentos e com o edifício como um todo, onde o tipo de equipamento foi utilizado noutras áreas do edifício, a fim de inspecionar potenciais danos. Esta informação facilitará a identificação e correção por parte da equipa de gestão financeira. O benefício do BIM a este respeito está limitado ao tipo, quantidade e qualidade da informação contida no modelo. Há também um momento em que não será economicamente viável adotar a abordagem BIM, como a sua utilização em projectos relativamente pequenos que exigem uma elevada qualidade da informação; também numa situação em que será necessária uma formação extensiva dos seus utilizadores para um projeto, comprometendo assim o tempo e o custo. Ver figura 10 para os níveis de relevância BIM do modelo de teste.

O edifício MediaCityUK é composto por áreas de plano aberto/espaços funcionais, espaços fechados/salas e espaços que se estendem verticalmente até ao piso seguinte/volumes. Numa representação 2D, estes espaços tornam-se difíceis de compreender e articular no que respeita à sua utilização. Com representações CAD 3D comuns, os espaços podem ser visualmente apreciados sem pormenores de especificação e quantidades anexadas. Durante a tomada de decisões sobre a utilização do espaço, o representante do designer/FM terá de transmitir as ideias propostas às partes interessadas ou ao cliente, tanto visual como tecnicamente. Isto permitirá que o interveniente/cliente tome uma decisão visual e tecnicamente informada sobre a utilização do espaço.

O modelo BIM permitirá ao gestor de FM identificar os espaços, as suas utilizações, a parede/componente do edifício de que o espaço é feito, a forma como um espaço se relaciona com outro, o que dentro de um espaço pode potencialmente habitar a sua função, tal como uma projeção de parede de alto nível num corredor de elevado tráfego, etc. São propostas as seguintes recomendações: i) Devem ser investidos mais recursos na produção de um modelo BIM do MediaCity mais abrangente e bem preenchido como base de dados de informação estratégica para a manutenção geral das instalações, ii) As expectativas de FM do ciclo de vida do MediaCityUK devem ser cuidadosamente monitorizadas, uma vez que a utilização dinâmica dos espaços pode criar novos desafios de FM.

Referências

Aranda-Mena, G., Crawford, J., e Chevez, A., Froese, T., 2008. Building information modeling demystified: does it make business sense to adopt BIM? *CIB-W78 25th International Conference on Information Technology in Construction*, 2 (3), pp. 419-433.

Arayici, Yusuf, T C. Onyenobi, e C. O. Egbu. "Modelação da informação da construção (BIM) para a gestão de instalações (FM): The MediaCity case study approach. "International Journal of 3D Information Modelling 1.1 (2012): 55-73.

Autodesk,. 2007. BIM e Gestão de Instalações REVIT® Building Information Modeling.

Bazjanac, Vladimir. "Impacto da norma do modelo nacional de informação sobre edifícios dos EUA (NBIMS) na simulação do desempenho energético dos edifícios". (2008).

Baker, S., Baker K., e Campbell, M., 2003. *The Complete Idiot's Guide to Project Management*, 3rd Edition.Penguin Group (USA) Inc.

Boutwell, 2008. A Modelação da Informação da Construção e as Tecnologias de Adoção.

Freeman, S., 2009 FM Issue: *Demystifying BIM, Today's Facility Manager*, [Online] http://www.todaysfacilitymanager.com/articles/fm-issue-demystifying-bim.php [Acedido em junho de 2010]

Eadie Robert, Mike Browne, Henry Odeyinka, Clare McKeown e Sean McNiff. "Implementação do BIM ao longo do ciclo de vida do projeto de construção no Reino Unido: Uma análise". Automação na Construção 36 (Dez 2013): 145-151.

Gillard, A., Counsell, J.A.M., e Littlewood, J.R., 2008. The Atlantic College case study - exploring the use of BIM for the sustainable design and maintenance of property. *Conferência de Investigação sobre Construção e Edificação da Royal Institution of Chartered Surveyors COBRA.*

GSA, 2010. 3D-4D Building Information Modeling, [Online] http://www.gsa.gov/Portal/gsa/ep/contentView.do?contentType=GSA OVERVI EW&contentId=20917 [Acedido em maio de 2010]

GSA,. 2008. Notas para o redator da especificação: Declaração de trabalho de desempenho de custódia Versão 1.1

GSA,. 2008. Building Operations and Maintenance.

Heerkens, G., 2007. *Project Management, 24 steps to help you Master any Project.* The McGrawHill Companies.

Haughey, D., 2008. *An Introduction to Project Management*, [Online] http://www.projectsmart.co.uk/introduction-to-project-management.html [Acedido em março de 2010].

Isikdag Umit, Ghassan Aouad, Jason Underwood e Song Wu. "Construção de modelos de informação: uma análise dos mecanismos de armazenamento e intercâmbio". Na Conferência Internacional CIB W78 sobre Tecnologia da Informação sobre Tecnologia da Informação, vol. 24, pp. 135-144. 2007.

Kymell, W., 2008. Building information modeling: planning and managing construction projects with 4D CAD and simulations. McGraw-Hill.

Lenerd, O., 2010 Revit BIM Experience Award to ONL Comunicado de imprensa.

Loosely Coupled 2010 http://looselycoupled.com/glossary/interoperability

Jordani, A. J., 2010. BIM e FM: O Portal para a Gestão do Ciclo de Vida das Instalações. *Journal of Building Information Modeling*, pp.13-16.

Lewis, P. J., 2007. *Fundamentals of Project Management*, 3rd ed AMACOM Books New York.

Lewis, P. J., 2000. *The Project Mangers Desk Reference,* 2nd Edition. The McGrawHill Companies.

Mitchell, J., e Schevers, H., 2006. Building Information Modelling for FM using IFC.

Mitchel, J., 2005. Sydney Opera House - FM Exemplar Project, Relatório Número: 2005-001-C-3, Open Specification for BIM: Sydney Opera House Case Study, QUT Digital Repository Okeil, A., 2010. Ambientes de Design Híbrido: Non- Immersive Architectural Design. *Journal of Information Technology in Construction,* 15, pp.202-216.

NBIMS "National Building Information Modeling Standard Part-1: Overview, Principles and Methodologies", US National Institute of Building Sciences Facilities Information Council, BIM Committee, (2007),

Olomolaiye, A., Liyanage, C.L., Egbu, C.O., e Kashiwagi, D, 2004. Knowledge Management for Improved Performance in Facilities Management. *Conferência Internacional de Investigação em Construção da Royal Institution of Chartered COBRA.*

Ozturk, Z., Arayici, Y., Sharman, H., e Egbu, C., 2010. MediaCityUK.

Packendorff, J., 1995. Inquirindo sobre a Organização Temporária: New Diretions for Project Management Research. *ScamL J. Managemen,* 11, pp.319-333.

Rundell, R., 2006. Como é que o BIM pode beneficiar a gestão de instalações? Primeedge. [Em linha] http://www.cadalyst.com/cad/building-design/1-2-3-revit-bim-and-fm-3432 [Acedido em abril de 2010]

Russell, 2009. BBC Signs MediaCity UK Deal, [Online] http://www.business-services.salford.ac.uk/cms/news/article/?id [Acedido em março de 2010].

Notícias da Universidade de Salford, 2010. http://www.business-services.salford.ac.uk/cms/news/article/?id [Acedido em março de 2010]

Smith Dana K. "Message from the buildingSMART alliance. "Journal of the National Institute of Building Sciences Vol 1, No 4 (Dec 2013): 8.

Wylie, I., 2007. *First view of the BBC Media City,* Manchester Evening News, [Online] *http://menmedia.co.Uk/news/s/237141 first view of the bbc media city* [Acedido em março de 2010]

Yin, R.K., 2003. *Case Study Research.* 3rd edition. Thousand Oaks, EUA: Sage. Zhang, Jin-feng e Dong-mei Feng. "Research on Collaborative Management Modo de Custo de Engenharia Baseado na Tecnologia BIM na Fase de Construção". InProceedings of 2013 4th International Asia Conference on Industrial Engineering and Management Innovation (IEMI2013), pp. 331-341. Springer Berlin Heidelberg, 2014.

I want morebooks!

Buy your books fast and straightforward online - at one of world's fastest growing online book stores! Environmentally sound due to Print-on-Demand technologies.

Buy your books online at
www.morebooks.shop

Compre os seus livros mais rápido e diretamente na internet, em uma das livrarias on-line com o maior crescimento no mundo! Produção que protege o meio ambiente através das tecnologias de impressão sob demanda.

Compre os seus livros on-line em
www.morebooks.shop